国家"十四五"重点研发计划项目（2023YFC3009400）资助

智能建造探索（施工）

房霆宸　陈晓明　等　编著

U0264270

中国建筑工业出版社

图书在版编目（CIP）数据

智能建造探索. 施工 / 房霆宸等编著. -- 北京：
中国建筑工业出版社，2025. 2. -- ISBN 978-7-112
-30837-8

Ⅰ. TU74-39

中国国家版本馆CIP数据核字第2025455KK2号

对于施工领域而言，由于工程项目本身组成的复杂性，其所涉的学科种类众多，故智能建造的应用场景很多，随之产生的新兴技术也很多，可以说每一道工序都会伴随着与之相对应的各种智能建造技术。为便于读者理解智能建造的基本内容及其实施要点，本书聚焦工程建设领域的智能建造关键共性技术，重点从智能建造所涉及的大数据及智能算法分析处理、智能化施工方案生成、智能机器人施工作业、智能化施工表观质量检测、智能化施工安全管理、智能化工程项目协同管理等方面进行阐述，重点论述了这些共性技术的基本概念、主要技术方法、应用实施要点，同时列举了典型的工程应用案例，为业内相关从业人员开展相关研究与应用工作提供了参考和借鉴。

责任编辑：徐仲莉　王砾瑶
责任校对：芦欣甜

智能建造探索（施工）

房霆宸　陈晓明　等　编著

*

中国建筑工业出版社出版、发行（北京海淀三里河路9号）

各地新华书店、建筑书店经销

北京鸿文瀚海文化传媒有限公司制版

北京云浩印刷有限责任公司印刷

*

开本：787毫米×1092毫米　1/16　印张：13　字数：299千字

2025年6月第一版　2025年6月第一次印刷

定价：**128.00**元

ISBN 978-7-112-30837-8

（44503）

编写委员会

前 言

随着我国经济发展重心从高速发展转向高质量发展，传统建筑业粗放式的发展模式也需随之改变，推进新型工业化、迈向智能建造是行业发展的必然趋势，亟须开发和应用满足行业发展需求的智能化理论、技术和装备。

智能建造作为一种新兴的建造技术，已成为工程建设行业转型发展的关键和热点。智能建造强调采用智能化技术、装置、装备来代替人实施一些复杂的工作，具有人机交互、自主学习、自主分析、自主决策和自主优化、判断、预警、决策等优势，其在工程建设领域的应用可以很好地提升工程建造质量和管理效率。

智能建造是数字建造发展的高级阶段。发展智能建造的关键，是要充分发挥和利用数字化建造过程中产生的大量工程数据，通过对这些工程数据进行统一的有序采集、整理，总结分析其规律和趋势，建立数控方程，开发智能算法，建立智能算力中心，分类分项地以智能化算法赋予相关技术、装备与设备设施智能化属性并辅助工程建造，基于此提升工程建设的智能化水平。

数字化是智能化的基础，在数字化的基础上，通过引入人工智能、大数据、工程物联网等新兴技术，赋予形成的数字化技术、工艺、装置、设备、装备以智能化属性，可以显著提升工程项目的智能化建造技术水平。2019年，丁烈云院士牵头出版了《数字建造》丛书，率先提出数字化建造概念，组织了大量业内专家从工程建设全过程系统阐述了工程项目数字建造模式。作者有幸参与了其中的3本专著的编写，通过系统总结数字化施工相关的技术研发和工程应用经验，执笔撰写了《数字化施工》一书，系统性阐明了数字化施工概念及其理论基础和应用模式，这为之后的智能建造技术研究奠定了很好的理论和应用基础。2024年，丁烈云院士牵头出版了智能建造系列教材，作者有幸参与了其中的《智能建造概论》《智能工程机械与建造机器人概论》2本专著编写，深受启发和指导。在此基础上，作者与团队在国家"十四五"重点研发计划项目（2023YFC3009400）、上海市科技计划项目（22dz1201700）和上海人才发展资金（2021052）项目资助下，联合华中科技大学的周诚和方伟立教授、鲁亦凡博士以及武汉大学的毛庆洲教授、东南大学的李德智和王骞教授、同济大学崔满博士和王龙博士、上海建工集团股份有限公司张英楠博士等业内知名专家学者，通过系统梳理总结智能建造技术研究成果与应用经验，撰写了本书。谨以此书献礼祖国的繁荣昌盛，致谢丁烈云院士、龚剑教授的启蒙与指导。

对于施工领域而言，由于工程项目本身组成的复杂性，其所涉的学科种类众多，故智能建造的应用场景很多，随之产生的新兴技术也很多，可以说每一道工序都会伴随着与之相对应的各种智能建造技术。为便于读者理解智能建造的基本内容及其实施要点，本书聚焦工程建设领域的智能建造关键共性技术，重点从智能建造所涉及的大数据处理及算法分析、智能化施工方案生成、智能机器人施工应用、智能化施工质量检测、智能化施工安全管理、智能化工程协同管理等方面进行阐述，重点论述了这些共性技术的基本概念、主要技术方法、应用实施要点，同时列举了典型的工程应用案例，以期为业内同行开展相关研究与应用工作提供参考和借鉴。

囿于笔者的水平、时间和知识所限，书中难免有不足和疏漏之处，敬请各位读者批评指正。

作者

目 录

第4章　智能机器人施工作业

第5章　智能化施工表观质量检测

第6章 智能化施工安全管理

第7章 智能化工程项目协同管理

第8章 智能建造发展展望

参考文献

第1章　绪论

改革开放以来，随着我国城镇现代化建设步伐的加快，工程建设行业得到快速发展。其已从早期的传统建造模式，逐步发展为当前的绿色化、工业化、数字化建造模式，正在向智能化建造模式转型发展。

智能建造作为一种新兴的建造技术，融合了绿色化、工业化、数字化建造模式的先进经验与成果，并在此基础上进行了升级。智能建造强调采用智能化技术、装置、装备来代替人实施一些复杂的工作，具有人机交互、自主学习、自主分析、自主决策和自主优化、判断、预警、决策等优势，其在工程建设领域的应用可以很好地提升工程建造质量和管理效率。

1.1　国内外发展现状

放眼世界，大部分发达国家已加紧布局智能建造研究并提升至国家战略层面。2010年，德国发布的《德国2020高技术战略》报告提出"工业4.0"国家计划，确立了新一代智能制造目标；2011年，美国提出"先进制造伙伴计划"和"国家制造创新网络计划"，计划将智能化技术融入传统行业以实现产业模式的变革，旨在建立产学研的有效研发基础，解决美国制造业创新和产业化的相关问题；2013年，英国推出了《英国建造2025》战略，其发展目标是降成本、提效率、减排放、增出口，推广应用信息化新技术，如云计算、VR/AR/MR、无人机、3D打印、大数据分析、人工智能、机器人等；同年，法国发布"新工业法国"计划，为更好地引导工业领域的现代化发展，提高智能化水平，之后又推出了该计划升级版的"未来工业"计划，旨在通过智能化技术促进创新重塑工业实力，振兴产业发展；2015年，日本制定i-Construction战略，为企业和行业制定了发展目标，着力提升建筑产品品质、安全和效益，其中企业战略目标定位为引入机器人、推广AI应用，行业战略目标定位为实现生产过程全面三维数据化；2017年，美国发布了重点关注建造过程的《美国基础设施重建战略规划》，规划中指出创新开展新材料与新技术研发，尤其是人工智能、信息技术和建筑材料的研发；2020年，美国政府发布《关键和新兴技术国家战略》，将数据科学与存储、先进计算、先进传感、人工智能等智能科技领域列为美国重点布局的关键和新兴技术。可以说，发达国家均把智能化科技作为本轮战略博弈核心，从国家战略层面对如何推进智能化转型做出全面的部署[1, 2]。

纵观我国，党和国家高度重视智能化发展战略。从中央到地方，相继出台了一些政策和利好信息，这极大地促进了智能化技术的发展。在国家层面，2017年党的十九大报告明确指出，加快建设制造强国，加快发展先进制造业，推动互联网、大数据、人工智能和实体经济深度融合；2020年4月，国家发展改革委首次明确新型基础设施范围，涵盖5G、大数据中心、人工智能、工业互联网等七大领域。2020年7月，住房和城乡建设部等十三个相关部委联合颁发了《关于推动智能建造与建筑工业化协同发展的指导意见》，明确提出了智能建造与建筑工业化协同发展的智能建造产业体系，为我国的智能化建造研究、应用与未来发展指明了方向。2021年发布的《中华人民共和国国民经济和社会发展第十四个五年规划和2035年远景目标纲要》将工业互联网作为数字经济重点产业，提出培育形成具有国际影响力的工业互联网平台，推进"工业互联网+智能制造"产业生态建设。在地方，我国各地方政府也加紧推进智能化技术发展。如2017年，上海市印发的《上海市推进智慧城市建设"十三五"规划》中明确提出全面推进面向未来的智慧城市建设目标，对建筑行业的信息技术和智能化能力的提升提出迫切要求。2023年《关于推动上海市智能建造与建筑工业化协同发展的实施方案》（沪建建材联〔2023〕632号）中明确提出突破重点场景智能建造应用瓶颈等重点任务。同年，江苏省印发的《关于促进全省建筑业高质量发展的意见》（苏政规〔2023〕14号）中明确，到2025年，培育30家智能建造骨干企业；到2030年，建成智能建造与新型建筑工业化协同发展的产业体系、标准体系和政策体系，基本实现建筑产业现代化，更高水平建成建筑强省[3, 4]。

当前，随着社会经济发展重心从高速发展转向高质量发展，传统建筑业粗放式的发展模式也需要随之改变，推进新型工业化、迈向智能建造是必然趋势。各大高校相继设立智能建造专业，各大企事业单位和研究机构也相继成立智能建造研究所，组建专职团队从事智能建造研究与应用工作。对于工程建设领域，从点上的智能建造技术研究与应用，到面上的智能建造技术体系的构建，大数据、5G、人工智能、建筑机器人、3D打印、工业互联网平台、智慧工地、智慧运维等智能化元素已不同程度地在各类工程中得到应用和推广；尤其是国内外一系列智能化相关政策的出台，更是极大地促进了智能建造技术的发展。智能建造已成为工程建设行业时代发展的热点和重点，也是行业转型发展的关键和必然趋势。

1.2 智能建造发展要点

智能建造是工程建设行业转型发展的趋势，通过在工程建设过程中融入深度学习、计算机视觉、自然语言处理、数控推演分析等多种算法，模拟人类智能分析，使建造过程具有自主学习、思考、决策的能力，主动执行各种任务，将人从繁琐、机械重复、高危、不便作业的工作中解脱出来，代替人实施工程建造，可以很好地提高工程建造效率与操作安全性[5, 6]。

1.2.1　大数据处理及算法分析

大数据处理及算法分析是智能建造发展与应用的基础。对于施工领域而言，在工程建设过程中会产生大量的工程数据，通过采集、梳理、分析这些工程数据，总结工程建设经验，挖掘工程建设过程中各个施工环节的工艺流程规律，建立相应数控方程，之后基于数学模型和计算机程序的算法，通过模拟人类智能或借助大量数据，实现工程建设过程的自动化学习、推理和决策过程，进而辅助管理人员做好项目管理、施工优化、质量控制、风险预测和决策制定，可以显著提高工程建造的整体管控效率和安全性能。比如，通过对现场施工人员进行监控，采集、总结其工作习惯，可以很好地分析其工作效率，有针对性地做好现场施工人员的管理；通过对现场各类施工设备运营状态进行监测和数据采集，可以找出使用规律，制定最优的使用方案，确保各类施工机械设备的高效安全和经济科学使用；通过建立各类工程质量问题数据库，并在各类结构、构件中布设传感器，实时监测工程受力变形等性能指标，可以快速推演和判断下一阶段结构与构件的受力变形趋势，提前有针对性地进行工程质量预警和处理；通过对各类安全隐患数据进行收集和分析，可以快速预判每个工艺流程阶段可能出现的安全风险问题，避免各类安全事故的发生。

1.2.2　智能化施工方案生成

施工方案编制是工程项目施工实施准备阶段的一项重要工作，也是工程项目施工实施的重要依据。由于工程项目的复杂性，在施工时经常会出现施工方案调整、修改等工作，重复性、琐碎性工作较多，占用了大量工作人员的时间。引入智能化技术，通过对施工方案的文本框架、数据逻辑、标准化专业术语表达方式、常用工艺设备设施管理流程进行梳理，结合 AI 算法的快速驱动与生成技术，开发智能化施工方案生成系统，可以实现方案的快速复用和数据的自动更新与关联，显著提升施工方案编制和修改效率。比如针对施工升降机（货梯）的方案编制，可以通过提取工程中的重复性特征，将施工升降机的安装、抄写、附着、变臂进行总结，形成类似"八股文"的技术交底书，之后采用模糊语义检索、语义匹配、语义跟踪、语义充足等语义相关性算法关联逻辑关系复杂的文本，并通过算法集成到系统里面实现数据的快速读取和判断与利用，仅需 3 ～ 5min 即可快速自动编制形成升降机（货梯）施工方案，大幅提升了方案编制效率。

1.2.3　智能机器人施工作业

智能机器人在施工领域的研发与应用，是行业发展的趋势。发展应用智能施工机器人的初衷是由智能施工机器人来代替现场作业人员的业务实施，把人从工程建造中繁琐、高危、劳累的工作中解脱出来，实现工程建造的降本赋能、提质增效。受限于现有建筑机器人及其关联产业的发展水平，施工机器人的智能化水平和成熟度仍不足，其工程适用性有限。现有机器人的发展和应用仍是基于传统的施工工艺流程，之后将机器人融入其中来辅助工程施工，但当前的建筑机器人智能化程度有限，对现场的施工作业环境、人工辅助作业条件等要求较高，而且很容易受到现场变化的各种因素干扰，故在其应用实施过程中无形增加了项目的负担。就目前而言，智能机器人施工应用在一些标准化作业程度高、作业环境恶劣/高危/密闭、施工人员不便作业的场景所，其工程应用价值相对较高，可以很好地解决当前一线工程项目建设需求。相比传统的人工施工，智能机器人施工作业具有高效性、安全性等优势，比如高空作业、深水作业等，机器人可以很好地适应和满足这些高危环境的作业需求。

1.2.4　智能化施工质量检测

施工表观质量检测是工程项目验收和维护的重要工作内容，也是工程项目正常运行的必要保障。现阶段，施工环境多样化、人员设备复杂化，施工质量检测面临测查范围广、安全系数低、重复工作量大等特征，费时费力，亟须采用智能化、自动化、小型化、一体化设备进行表观测量。智能化施工表观质量检测具有自主化、免人工、高效率等优势，通过对施工建筑表观自动化采集数据，利用相应的智能化算法检测、分析、评估并出具病害预警结论报告，可实现施工范围的重复性、周期性智能化表观检测和预警。智能化施工表观质量检测技术显著提高了施工检测的效率，降低了检测的时间成本和人力成本，保障了施工检测人员的人身和财产安全，对工程施工过程的质量控制和后期工程维护具有重要的应用价值。比如针对国家速滑馆的施工检测，利用地面三维激光扫描仪与高精度全站仪搭配，构建区域性控制网，扫描仪可以重复测量制冰管的实际布设平整度，通过算法分析出具调整方案，确保高效、高精度地制造出国际上最快的"冰"。

1.2.5　智能化施工安全管理

施工现场安全对于保障施工现场人员安全，确保工程项目顺利实施，推动建筑业高质量发展具有重要意义。传统的施工安全管理模式存在过度依赖人工经验，难以覆盖复杂动态的施工环境，数据利用率低下，安全培训覆盖不足等问题，导致施工现场风险识别与控制效率有待提升。为应对这些挑战，智能化施工安全管理通过引入人工智能、物联网、BIM、数字孪生等先进技术，显著提升了施工现场安全管理的实时性、精准性和高效性。智能化事故安全管理可动态感知施工现场的"人-机-环境"状态，及时预警潜在风险，优化资源配置，降低事故发生率，推动施工安全从经验驱动向技术驱动转型。在实际应用中，智能化技术已展现出显著成效。例如，通过物理信息神经网络（PINN）结合大数据和深度学习技术，可实现盾构隧道掘进过程中地表沉降风险的精准预测与实时预警；基于BIM和物联网技术构建动态电子围栏，可实现高危作业空间内事故人员实时定位与违规行为自动识别；利用机器学习技术构建地铁施工隐患文本挖掘系统，可从海量文本中提取关键隐患信息，优化隐患排查与管理流程。这些案例充分说明采用智能化技术辅助施工安全管理，具有大量的应用场景需求和实际应用价值与意义，可以显著提升工程项目的安全管控水平。

1.2.6　智能化工程协同管理

工程项目管理是一项复杂的系统工作，涉及合作单位、分部分项工程多，不仅要做好工程实体本身的桩基、基坑、混凝土结构、钢结构等工程施工管控，还要做好工程本体以外的人员、机械、物料、工法、环境等关键施工要素的管控，期间需要完成大量的工艺监控、设备监控、流程管理、沟通协调等工作。采用智能化工程项目协同管理，通过新一代信息技术和人工智能算法的综合应用，能够有效提高现场人员工作效率，增强现场综合管控能力。比如通过项目级智能化施工协同管理平台，将工程项目中的施工模拟、沟通协调、方案审批、进度管控、质量安全监控等施工过程的关键要素通过平台系统等方式放在互联网平台上进行统一协作管理，同时采用人工智能算法进行相关工作的推演分析，对人员管理、机械设备管理、物料管理、进度管理、质量安全管理、成本管理、绿色施工管理等业务场景实现事前预防预控、事中智能管控、事后统计分析、过程智慧决策的管理模式，可以大幅提高工程沟通管理效率。

第2章 大数据及智能算法分析处理

2.1 基本概念

2.1.1 大数据

1. 大数据的总体概念

大数据（Big Data）是指在获取、存储、管理和分析方面超越了传统数据库软件工具处理能力的数据集合。它具备四个主要特征：数据规模庞大（Volume）、数据类型多样（Variety）、数据流转速度极快（Velocity），以及数据的真实性和准确性难以保证（Veracity）。随着信息技术的快速发展，数据的产生速率、种类和体量都经历了爆炸式的增长，这给传统的数据处理技术带来前所未有的挑战。

大数据的出现为各行各业带来深刻的变革。在医疗、金融、零售、制造等领域，大数据分析正在驱动新的商业模式和运营效率的提升。例如，通过分析客户行为数据，零售企业能够更准确地预测市场需求并优化库存管理；在医疗行业，通过对大量患者数据的分析，医生可以制定更精确的诊疗方案。大数据的应用能够帮助企业和组织更加深入地理解其业务环境，从而在激烈的市场竞争中获得优势。

在实际操作中，大数据可以根据其结构特性分为几种不同的类型：（1）结构化数据：这是最为传统和常见的一类数据，通常以表格形式存储，包含明确的行和列，如数据库中的数据表。结构化数据容易通过SQL等语言进行查询和分析。（2）半结构化数据：这类数据虽然具有一定的结构，但并不完全符合传统的表格格式。例如，XML、JSON文件以及邮件数据都属于半结构化数据，它们包含标签或标记来表示数据的层次关系，但具体内容可能会有较大差异。（3）非结构化数据：非结构化数据包括文本、图片、音频、视频等形式的数据，这些数据没有预定义的结构或模式。非结构化数据占据了大数据的大部分，也是大数据分析的重点和难点之一。对非结构化数据的分析通常需要自然语言处理（NLP）、计算机视觉等先进技术的支持。（4）流数据：流数据是指持续不断地生成并快速处理的数据流，如社交媒体的实时更新、传感器的数据流、金融市场的实时交易数据等。这类数据的处理需要高性能的流处理技术，以确保实时响应和决策。（5）暗数据：暗数据是指企业或组织收集的但尚未利用的数据。这些数据通常被存储但未被分析，可能包含有价值的信息。例如，历史记录、日志文件和安全监控数据等都可能是潜在的暗数据资源。

2. 工程建设领域的大数据类型

在工程建设领域，大数据已经成为推动项目管理、施工优化、质量控制、风险预测和决策制定的重要资源。这些数据来源多样，涵盖了从传感器数据到建筑信息模型（BIM）数据、无人机影像数据、项目管理数据等多个方面。这些数据的集成和分析能够为工程项目的各个阶段提供全面的支持，帮助管理者更好地应对复杂的施工环境，优化资源配置，提升整体项目的效率和安全性。

（1）传感器数据：在现代建筑工地和设施管理中，各类传感器被广泛应用于监控环境和结构的各项参数。传感器数据通常包括温度、湿度、振动、压力、应力、变形等信息，这些数据能够实时反映建筑物或设施的运行状态，提供关键的监测和反馈。传感器数据在工程建设中的应用包括但不限于：结构健康监测（SHM）：通过布置在建筑物或桥梁等结构中的传感器，实时监测结构的应力、应变和振动情况。SHM系统可以及早发现潜在的结构损伤或疲劳，从而防止事故的发生，并延长建筑物的使用寿命。环境监测：在施工现场，环境传感器用于监测温度、湿度、空气质量等参数，以确保施工环境符合安全和健康标准。例如，监测空气中的粉尘浓度可以帮助工地管理人员采取必要的防护措施，保障工人健康。设备状态监测：对施工机械和设备进行状态监测，包括振动、噪声、温度和使用时间等数据，以便及时进行维护和故障排除，提高设备的使用效率，减少停机时间。

（2）建筑信息模型（BIM）数据：建筑信息模型（BIM）是一种数字化表示建筑物全过程的建模技术。BIM数据涵盖了建筑物从设计、施工到运营维护的各个阶段，包含几何信息、材料属性、空间关系、施工进度等。这些数据为工程建设提供了一个全生命周期的管理工具，支持多方协同和决策优化。在设计阶段，BIM数据可以帮助设计团队精确地表达设计意图，并模拟建筑物在实际建造和使用中的表现。通过BIM，设计人员可以更好地预见和解决潜在的问题，从而减少后期变更的发生。在施工阶段，BIM数据与现场实际情况的对比可以帮助施工管理人员确保施工进度符合计划，并及时发现和解决施工中的偏差。BIM还可以与其他数据源（如传感器数据和无人机影像数据）集成，提供更全面的现场情况。在建筑物的运营维护阶段，BIM数据可以用来管理设施的维护记录、设备性能和能源消耗等，支持设施的持续优化和管理。BIM数据的核心价值在于其作为一个集成平台，能够将各类工程数据统一到一个数字模型中，实现信息的无缝传递和共享，提高各阶段的工作效率和协同程度。

（3）无人机影像数据：无人机技术的迅猛发展，使其在工程建设领域的应用越来越广泛。无人机能够在施工现场快速获取高分辨率的影像和视频数据，提供全面、实时的施工现场信息，这些数据对于项目管理和施工决策至关重要。施工监控：无人机可以定期拍摄施工现场的全景和局部照片，生成实时的三维模型，这些影像数据帮助项目经理直观地了解施工进展，及时发现和解决潜在问题。进度跟踪：通过对比不同时间点的无人机影像，管理人员可以准确地评估施工进度，并与计划进度进行对比。如果发现施工进度滞后，管理人员可以根据影像数据做出调整和安排。安全检查：无人机可以进入人类难以到达或危险的区域进行拍摄，从而确保这些区域的施工安全。通过分析无人机获取的影像数据，管理者能够识别潜在的安全隐患，并采取相应的措施。

（4）项目管理数据：项目管理数据是指与工程项目的计划、进度、成本、资源分配等相关的数据。这些数据通常来源于日常施工过程中的合同、清单、图纸、签证资料等各类文件，反映了项目的整体管理状况和各个子任务的执行情况，是项目控制和决策的重要依据。项目管理数据可以分为图纸设计数据、施工计划数据、成本管理数据、资源分配数据、质量控制数据等方面。图纸设计数据包括设计图纸的版本信息、设计变更记录、设计规范要求等，这些数据确保设计阶段的准确性和施工阶段的合规性。施工计划数据包括各项任务的开始和结束时间、任务之间的依赖关系以及资源的分配。这些数据是制定施工进度表和协调不同工序的重要依据。成本管理：成本管理数据包括材料费用、人工费用、设备租赁费等，这些数据帮助管理人员跟踪项目的预算执行情况，及时调整资金分配，以避免超支或浪费。资源分配数据反映了项目中各种资源的使用情况，如人员、设备和材料等。通过分析这些数据，管理者可以优化资源配置，提高项目的整体效率。质量控制数据包括质量检查和验收的记录，这些数据帮助管理人员监控施工质量，确保工程符合设计规范和质量标准。通过对项目管理数据的分析，工程项目的各个方面都可以得到有效的控制和优化，确保项目按时、按质、按预算完成。

3. 大数据的管理与存储

大数据的管理与存储是一个复杂且多维度的过程，涵盖了从数据采集、存储、处理到分析的整个生命周期。随着数据量的爆炸式增长，传统的存储和管理方法已经难以应对现代大数据的需求。为了充分发挥大数据的潜力，企业和组织需要采用先进的管理和存储技术，确保数据的高效利用和安全管理。

大数据存储架构是大数据管理的基础，它决定了数据的存储方式、访问速度和处理能力。在传统的数据管理中，关系型数据库（RDBMS）是主流的存储方式，但它们在处理大规模、复杂结构化和非结构化数据时，表现出一定的局限性。为应对大数据的挑战，业界发展了多种新型存储架构，如分布式文件系统（DFS）、NoSQL 数据库、云存储等。

分布式文件系统（DFS）：分布式文件系统，如 Hadoop 的 HDFS，允许数据以块的形式分布存储在多台服务器上，这种架构不仅提高了数据存储的扩展性，还增强了容错能力。HDFS 通过数据块的复制机制，确保即使部分节点出现故障，数据仍然可以安全访问。

NoSQL 数据库：NoSQL 数据库（如 MongoDB、Cassandra）打破了传统关系型数据库的结构限制，支持灵活的、可扩展的数据模型。这些数据库特别适合处理半结构化或非结构化数据，如 JSON 文档、图形数据和大规模的时间序列数据。NoSQL 数据库的横向扩展能力使它们能够轻松应对大规模数据集的存储需求。

云存储：云存储提供了弹性、高可用性和按需扩展的存储解决方案。通过利用公共云服务（如 AWS S3、Google Cloud Storage），企业可以避免高昂的硬件成本，并根据需要动态调整存储容量。云存储还通过内置的数据冗余和备份机制，提供了强大的数据保护能力。

混合存储架构：许多企业采用混合存储架构，将本地存储与云存储结合，既利用本地存储的低延迟优势，又享受云存储的高扩展性和灵活性。这种架构在保障数据安全和降低存储成本之间取得了良好的平衡。

数据生命周期管理（DLM） 是指对数据从创建、存储、使用到归档或销毁的全过程进行管理。随着数据量的持续增长和数据管理需求的日益复杂，企业需要制定完善的数据生命周期管理策略，确保数据在各个阶段都能够被有效利用，并满足合规要求。包括数据采集与创建、数据存储与维护、数据使用与共享、数据归档与销毁四个方面。

数据采集与创建：数据生命周期的起点是数据的采集和创建。在这一阶段，企业需要确定数据的采集方式和数据源，并确保数据的质量和一致性。数据采集工具和技术的选择对于后续数据的处理和分析至关重要。

数据存储与维护：一旦数据被采集或创建，它需要被安全地存储并进行维护。在数据存储阶段，企业应根据数据的重要性和访问频率，选择合适的存储介质和存储策略。数据维护则包括数据清理、数据更新和数据备份等过程，确保数据的持续可用性和完整性。定期备份数据也是数据维护工作的一部分。备份可以在数据丢失或损坏时快速恢复数据，保证业务的连续性。企业应制定备份策略，包括确定备份频率、选择备份介质和存储位置等。此外，企业还应定期测试备份数据的恢复能力，确保备份数据的完整性和可用性。

数据使用与共享：数据的价值在于使用。在数据使用阶段，企业需要制定数据访问和共享策略，确保数据能够被正确地应用于业务决策和分析。数据共享不局限于企业内部，还可能涉及跨组织的数据协作。在共享过程中，企业需要特别关注数据的安全性和隐私保护。

数据归档与销毁：当数据不再被频繁使用时，企业需要将其归档，并在适当的时候进行销毁。数据归档通常涉及将数据从高成本的存储介质转移到低成本的归档介质，以节省存储资源。数据销毁则需要遵循相关法规和企业政策，确保数据被彻底清除，防止数据泄露。

2.1.2　智能算法

智能算法是一类基于数学模型和计算机程序的算法，通过模拟人类智能或借助大量数据，来实现自动化的学习、推理和决策过程。随着大数据的出现，智能算法逐渐成为数据处理的重要工具，在工程建设领域也展现出巨大的潜力。智能算法的核心在于通过数据挖掘、机器学习和深度学习等技术，从大量数据中提取有用信息并作出准确的预测和判断。

（1）**数据挖掘（Data Mining）** 是指从大规模数据集中发现模式、趋势或关系的过程。通过数据挖掘，能够从复杂的数据中提取出有用的信息，为工程项目提供支持。例如，在施工过程中，通过对历史数据的挖掘，可以发现影响施工进度的主要因素，从而采取相应的措施加以改善。在工程建设领域，数据挖掘被广泛用于以下方面：进度管理、质量控制、成本分析等。比如，通过挖掘历史项目数据，预测当前项目的施工进度，并发现可能影响进度的关键因素。通过分析历史质量检测数据，识别可能出现质量问题的施工环节，并提前采取预防措施。通过挖掘历史成本数据，发现成本超支的规律，并在预算编制时进行调整。

（2）**机器学习（Machine Learning）** 是一种通过数据自动学习模型，并利用模型进行预测和决策的技术。与传统的编程方法不同，机器学习算法通过数据训练来调整模型参数，从而在新的数据上表现出良好的预测能力。机器学习在工程建设中的应用范围广泛，尤其是在进度预测、质量检测和成本控制等方面有着广泛的应用。在工程建设领域，常用的机器学习算法包括监督学习、无监督学习、强化学习等。比如，监督学习通过带标签的数据集训练模型，如在工程质量检测中，通过历史检测数据训练模型，自动识别可能的质量问题。无监督学习则利用无标签的数据集进行模型训练，如在项目管理中，通过对历史数据的聚类分析，发现项目管理的潜在模式。强化学习则通过试错和反馈来优化决策，如在施工过程的动态优化中，利用强化学习算法实时调整施工策略。

（3）**深度学习（Deep Learning）** 是机器学习的一个分支，通过多层神经网络结构对数据进行自动特征提取和模式识别。深度学习在图像识别、自然语言处理和语音识别等领域表现出色，近年来在工程建设中也逐渐得到应用。例如，通过无人机拍摄的影像数据，利用深度学习算法对施工现场进行自动监控和分析，可以及时发现安全隐患。在工程建设领域，运用图像的深度学习可以识别施工现场的异常情况，如识别工人的不安全行为和建筑物的安全隐患。此外，利用语言的深度学习模型自动分析和处理施工日志、合同文档等非结构化数据，提取有用信息。还可以通过深度学习模型分析传感器数据，实时监控建筑物的运行状态，及时预警潜在问题。

（4）**大语言模型（Large Language Model，LLM）** 是近年来在自然语言处理领域取得的重大进展，通过对海量文本数据的训练，这类模型能够生成高质量的自然语言文本，并进行复杂的语言理解和推理。大语言模型在工程建设领域的应用潜力巨大，例如，在自动化文档处理、智能客服和项目管理系统中，可以通过大语言模型自动生成报告、回复问题或提供决策建议。在工程建设领域，大语言模型的应用包括：智能客服，通过大语言模型自动回答项目管理中常见的问题，提升客户服务的效率。还可以利用大语言模型自动生成项目进度报告、施工日志等，减轻项目管理人员的工作负担。智能文档分析，通过大语言模型自动分析和提取合同、招标文件中的关键条款，为决策提供支持。

2.2 主要技术方法

2.2.1 数据挖掘

1. 定义

数据挖掘（Data Mining，DM）又称为数据库中的知识发现（Knowledge Discover in Database，KDD）。数据挖掘依托于计算机科学的原理与技术，对海量的数据集进行深入分析，旨在揭示潜藏于数据背后的模式和规律，从而提取有价值的信息。

2. 基本原理

数据挖掘通过数据收集、数据预处理、特征提取、模式识别、结果评估和解释等步骤，从大规模数据中提取有用信息，并将其转化为实际的决策支持。

首先，在进行数据挖掘之前，需要收集相关的数据。这些数据可以来源于数据库、文件、网络等多种渠道。收集的数据应具有较高的质量和可靠性，以确保后续分析结果的准确性和可信度。数据收集完毕后，对原始数据进行数据预处理，包括数据的清洗、转换、整理等。数据清洗就是去除重复数据、对缺失数据进行填充、纠正错误数据等，目的是确保数据的完整性和准确性。数据转换就是将数据转换为适合进行挖掘的格式或算法所需的输入格式，包括数据概化、规范化等操作。数据整理则将不同来源和格式的数据进行整合与规范化，以便进行统一处理和分析。

数据预处理完毕后，将数据输入模型，对数据进行特征提取和模式识别。特征提取即从数据中提取有用的特征，以降低数据的复杂程度，提高数据挖掘的效率和准确性。提取到的特征通常代表了数据的核心信息或关键属性。之后，利用相应的算法对数据进行模式识别，挖掘数据的内在规律和结构。常见的模式识别方法包括聚类分析、分类分析、关联规则挖掘等。

在完成特征提取模式识别后，需要对挖掘结果进行评估和解释，包括验证结果的正确性、分析结果的实用性以及解释结果背后的原因和含义。根据所得的结果，还应对模型进行评估，以对算法进行优化，提高数据挖掘效果。

3. 技术框架与发展

数据挖掘的核心算法包括分类算法、聚类分析、相关性分析、关联分析、时间序列分析等。

（1）分类算法

分类算法在数据挖掘中应用广泛。它旨在根据已有的数据，训练分类模型，从而利用此模型对未知数据进行分类。常见的分类算法有决策树、随机森林、朴素贝叶斯、支持向量机、K近邻、神经网络等。

决策树（Decision Tree）通过构建树状结构，将数据集一步步划分为更小的子集。决策树的每个根节点代表初始数据集，叶节点代表分类结果，树内部的每个节点则代表某种分类属性的测试。决策树分类直观，易于解释，可以分类数值型的数据，但当树过深的情况下容易形成过拟合。将多个决策树模型集合到一起，使用多数投票机制确定最终分类结果，即可构建出随机森林模型（Random Forest），可以有效防止过拟合。

朴素贝叶斯算法（Naive Bayes）基于概率学的贝叶斯定理，假设每个分类特征独立，计算每个类别的概率，概率最大的类别即最终分类类别。针对不同类型的数据集，朴素贝叶斯算法还可以细分为高斯朴素贝叶斯、多项式朴素贝叶斯和伯努利朴素贝叶斯。这种分类方法运算速度快，适用于大规模数据。

支持向量机（Support Vector Machine，SVM）在空间点集中寻找最优分割平面，将不同的数据点划分到不同类别中。这种方法有较好的鲁棒性，在高维空间表现优异，但训练时间较长，不适用于大量数据集，分类结果受参数影响较大。

K近邻（K-Nearest Neighbors，KNN）根据点的位置信息，计算样本点和已知点的距离，选择距离样本点最近的 K 个已知点进行投票分类。这种方法简单明了，无须训练模型，但 K 值的选择对分类结果影响大，且分类结果容易受到噪声干扰。

神经网络（Neural Networks）模拟生物的神经元结构，构建多层复杂的深度分类模型。神经网络可以自动提取数据特征，具有自适应性，适合处理复杂数据，但训练时间长，需要大量的数据支撑。

（2）聚类分析

聚类分析是按照一定相似性将数据集划分为多个子集的过程。聚类生成的子集称为簇，每个簇中的数据高度相似，而簇与簇之间则具有不同的特征。与分类不同，聚类分析不依赖于预先定义的类别和训练样本，通过观察学习而非通过例子学习。聚类算法可分为划分聚类、层次聚类、密度聚类等。

划分聚类就是将数据集直接划分为若干个簇，典型算法是K-均值（K-means）算法。K-means算法随机选择 K 个对象作为初始的簇中心对象，根据每个聚类对象的均值，计算每个对象与这些中心对象的距离，将其赋给最近的聚类，再重新计算聚类中心，如此循环直至聚类不再变化为止。这种算法简单明了，聚类时间快，但聚类结果对 K 值的确定较为敏感，容易受异常值和噪声的影响。将每个簇中心位置的对象作为代表对象，就是K-中心点（K-medoids）算法。K-medoids算法可以修正K-means算法对噪声的敏感性，提高聚类的质量。

层次聚类就是对数据集进行层次化的分解，直到达到某种特定的条件。根据层次分解是自下而上，还是自上而下形成，层次的聚类方法可以进一步分为凝聚层次聚类和分裂层次聚类。凝聚的层次聚类是一种自底向上的策略，首先将每个对象作为一个簇，然后合并这些原子簇为越来越大的簇，直到某个终结条件被满足。代表算法是AGNES算法。分裂的层次聚类则采用自顶向下的策略，它首先将所有对象置于一个簇中，然后逐渐细分为越来越小的簇，直到达到某个终结条件。代表算法是DIANA算法。

密度聚类即根据密度将对象分组形成簇。密度聚类可以发现任意形状的聚类区域，并且可以消除噪声的影响。常见的密度聚类算法有Dbscan算法、Optics算法、Denclue算法等。

（3）相关性分析与关联分析

相关性分析是指对两个或多个具备相关性的变量元素进行分析，从而衡量两个变量因素的相关密切程度。相关性的元素之间需要存在一定的联系或者概率才可以进行相关性分析。常见的相关性分析方法有三种：Pearson相关系数、Spearman等级相关系数和Kendall相关系数。Pearson相关系数适用于满足正态分布的定量数据；Spearman等级相关系数适用于不满足正态分布的定量数据；Kendall相关系数适用于定量数据的一致性判断。关联规则分析是数据挖掘领域的一个重要方法，它利用关联规则分析数据源，从而从样本中发现潜在有用的信息和不同数据样本之间的关系。关联分析的目标是找出数据集中频繁出现的项集合，以及项之间的关联规则。常见的关联分析算法有Apriori算法和FP-growth算法。

（4）时间序列分析

时间序列也称动态序列，是同一统计指标的数值按其发生的时间先后顺序排列而成的数列。时间序列分析旨在根据已有的历史数据对未来进行预测。常见的时间序列分析模型有自回归模型、移动平均模型、自回归移动平均模型和指数平滑模型等。

自回归模型（AR模型）通过自身数据的相关关系来建立回归方程，从而进行数据的预测和分析。自回归模型可以描述时间序列的自相关性，适用于平稳（数列均值和方差在时间上保持不变）的时间序列。常使用统计方法（如最小二乘法）来确定模型的参数。

移动平均模型（MA模型）通过将时间序列中的误差进行加权求和，从而得到移动平均方程。移动平均模型可以描述时间序列的随机波动，适用于趋势变化不明显的时间序列数据。

将自回归模型与移动平均模型结合，就形成了自回归移动平均模型（ARMA模型）。自回归移动平均模型结合了两种模型的特点，既能描述序列的自适应性，又能描述数据的随机波动。在ARMA模型的基础上进行进一步改造（如考虑序列的趋势性、季节性等），又衍生出差分自回归移动平均模型（ARIMA模型）、季节性自回归移动平均模型（SARIMA模型）等。

指数平滑模型的基本思路为：距离预测点越近的点，对预测点的影响越大。将不同距离的点赋予不同的权重，由近及远，权重按指数级递减。针对不同的时间序列，指数平滑模型还可以细分为一次指数平滑、二次指数平滑和三次指数平滑等。

在这些核心算法的基础上，数据挖掘技术的发展历程大致可以概括为三个阶段：第一阶段数据挖掘技术（20世纪90年代）主要关注的是基于规则的方法，如Apriori算法，用于市场竞争分析、购物篮分析等领域；第二阶段数据挖掘技术（21世纪初）主要关注的是基于模型的方法，如决策树、神经网络、支持向量机等，用于预测、分类等领域；第三阶段数据挖掘技术（2010年至今）主要关注的是大数据和机器学习等新兴技术，这使得数据挖掘能够处理更加大规模的数据，并且能够更加智能化地发现数据中的知识。

4. 主要应用场景

数据挖掘在建筑行业的应用场景非常广泛，涵盖了从规划设计、施工管理到运营维护等多个环节。

在建筑规划设计阶段，可以收集历史数据、市场需求、交通流量、土地利用等信息，利用数据挖掘技术进行分析，为建筑规划设计提供全面、准确的数据支持。基于大数据分析，预测未来市场趋势、人口流动、城市发展等，为规划设计提供前瞻性指导。还可以分析建筑使用者的需求和习惯，优化建筑设计方案，提高建筑的功能性和舒适度。

在建筑施工阶段，可以利用数据挖掘技术对施工过程中的数据进行实时监控和分析，如施工进度、材料使用、设备状态等，确保施工质量和安全。利用数据挖掘技术，分析施工数据，优化资源调度，如合理安排施工人员、设备、材料等，提高施工效率。利用数据挖掘技术还可以实时监控分析施工成本，及时发现和解决成本超支问题，确保项目按预算完成。

在建筑运营维护阶段，利用数据挖掘技术可以对建筑能耗数据进行分析，识别能耗异常点，提出节能优化方案，降低建筑运营成本；利用智能化监控系统追踪建筑内各种设备的运行状态，预测设备故障，提前进行维护和更换，减少因设备故障造成的损失；通过分析客户在建筑中的行为和偏好数据，提供个性化服务，提高客户满意度。

在智慧城市建设中，数据挖掘技术被广泛应用于城市治理、交通管理、环境保护等领域。通过分析城市运行数据，提高城市管理效率和服务水平。在智能建筑中，利用数据挖掘技术收集和分析建筑内各种设备的数据，实现建筑自动化控制，提高建筑的舒适性和节能性。

数据挖掘在建筑行业的应用场景多样且广泛，不仅提高了建筑行业的效率和质量，还推动了建筑行业的智能化和可持续发展。

5. 发展与挑战

数据挖掘作为从数据中提取有价值信息的过程，其未来发展前景非常广阔。随着人工智能、云计算、物联网等技术的不断发展，数据生产速度越来越快，数据挖掘技术将融合新兴技术，实现对海量数据的高效、实时处理。目前数据挖掘技术已经广泛应用于金融、医疗、教育、互联网等多个行业，未来将进一步拓展到智能建造、智慧城市、生物信息学等新兴领域。数据挖掘在为企业和组织带来诸多便利的同时，也面临一些挑战和困境，如数据量大、数据质量低下、计算资源需求高、存在数据泄露风险等。为了充分发挥数据挖掘的潜力，需要不断解决这些问题并优化数据挖掘的过程和方法。

2.2.2 图像识别

1. 定义

图像识别是指利用计算机对图像进行处理、分析和理解，以识别各种不同模式的目标和对象的技术。图像识别是人工智能领域的一个重要分支，其目的在于让计算机代替人来理解和分析大量的图像信息，计算机能够根据不同的图像识别模型来完成不同的任务。图像识别技术在近年来发展迅速，已经应用于许多领域，如自动驾驶、医疗诊断、人脸识别、视觉导航等。

2. 基本原理

当我们看到一个东西时，大脑会提取它的特征并迅速地判断我们之前是不是见到这个东西或者是很相似的东西。我们在大脑里进行大范围的搜索并把它和我们记忆中相同或者类似的东西进行匹配，匹配成功就可以识别到这个东西。用计算机进行图像识别的原理和人类肉眼进行图像识别的原理相近，计算机通过分类和提取图像中重要的特征从而排除图像中多余的信息，然后基于某种规则对提取出来的特征进行分类，最终达到识别的目的。具体可以分为以下几个步骤：

（1）**图像预处理**：图像预处理是识别过程的前期准备，是为了加强图像的某种特征，提高特征提取和分类的准确性。预处理主要是指对图像处理中的去噪、平滑、变换等操作，是为了保证所有图像的一致性，也能够使图像的重要特点更加突出。

（2）**特征提取**：特征提取是识别过程的核心。图像本身具有差异，具有各式各样的特点，为了采用一种方式分离这些特点，就要识别图像的特征，获取图像特征的过程就是特征提取。为了保证提取的特征在此次识别任务中有作用，还需要基于一定的规则来选择要提取的图像特征。例如，早期的图像识别技术有全局特征提取、特征变换、索引、局部特征提取等。特征的选择和提取在图像识别过程中是十分关键的。

（3）设计分类器和分类决策：设计分类器是指通过训练得到一种识别规则，通过此识别规则可以对特征进行分类，使图像识别技术达到高识别率。分类决策是指在提取到的特征空间中对目标对象进行分类，从而更好地判断目标对象属于哪一类别，完成图像识别任务。由于基于深度学习的图像识别快速发展，如今，图像识别的任务不局限于图像分类，也包括目标检测和图像分割等识别任务。目标检测任务可以根据特征信息将图像中的研究目标分为不同的类别并输出位置检测框，图像分割任务可以输出目标类别和分割掩码，通过不同的设计可以实现不同的图像识别任务。

3. 技术框架与发展

从图像识别任务种类来说，图像识别技术经历了三个重要的发展阶段：文字识别、数字图像处理与识别以及物体识别。文字识别的研究是从1950年开始的，主要聚焦于字母、数字和符号的识别。从最初的印刷文字识别，逐步拓展至手写文字识别，其应用场景广泛且深远。数字图像处理与识别的研究在1965年拉开序幕。相较于模拟图像，数字图像在存储、传输和处理方面展现出显著优势，如易于压缩、传输中的稳定性以及处理的便捷性，这些特点为图像识别技术的进一步发展注入了强大动力。物体识别标志着图像识别技术向高级计算机视觉领域迈进。它不仅基于数字图像处理与识别的基础，还融合了人工智能、系统学等多学科知识，使得其研究成果在工业应用及探测机器人领域得到广泛应用。

在图像识别技术的发展历程中，每个阶段都以其独特的技术革新为特征。

20世纪50年代，图像识别技术处于萌芽阶段，依赖于人工设计的特征提取与匹配方法，如Hough变换和边缘检测等，这些算法在处理复杂图像识别任务时显示出明显的局限性。

20世纪80年代，随着模式识别和人工智能的兴起，图像识别技术迎来了初步的进展。此时，基于神经网络和决策树的机器学习算法开始得到应用，例如多层感知器和回归树等。这些方法虽能自动学习特征，但在应对大规模、高维度图像数据方面仍具有局限性。

到了20世纪90年代，特征提取技术和机器学习算法的进一步发展，为图像识别带来显著的进步。主成分分析（PCA）、线性判别分析（LDA）和支持向量机（SVM）等方法的应用，不仅实现了特征的自动学习，还在处理大型、高维的图像数据方面表现出更优的性能。

21世纪以来，深度学习技术的崛起为图像识别技术带来革命性的突破。基于卷积神经网络（CNN）和Transformer架构的深度学习方法标志着计算机对大规模、高维度图像数据的处理能力有了质的飞跃，同时开启了图像识别技术新的篇章。

深度学习卷积神经网络的开端可以追溯到2012年的AlexNet网络，后来陆续出现一系列计算机视觉的强力引擎（backbone），例如VGG、ResNet、Darknet等网络框架。在深度学习的领域中，图像处理的方式呈现出与传统机器学习算法显著的不同。在传统方法中，图像特征的设计、提取以及汇集变换这些步骤通常需要人工进行并且是独立于分类器的。然而在深度学习框架下，这些功能被整合为分类器的内在部分，由卷积神经网络（CNN）自动执行。具体而言，在浅层学习模型中通常需要单独进行的三个主要步骤——特征设计、特征提取和特征汇集变换，在深度学习中这些步骤分别由CNN的卷积层、池化层和全连接层以一体化与自动化的方式完成。在这一过程中，仅有少量的网络参数和激活函数设置需由专家进行设计。这种深度神经网络的设计使从原始图像数据到最终的特征表达和分类决策的整个流程得以自动优化，大大减少了人工干预的需求，提高了处理效率和识别精度。

4. 主要应用场景

（1）**医疗健康**：在医疗领域，图像识别技术被广泛应用于医学影像的诊断过程中。通过先进的深度学习算法，图像识别能够辅助医生高效准确地分析X射线、CT扫描以及MRI图像，迅速识别出病变区域。例如，在乳腺癌筛查过程中，图像识别技术能够精确地识别微小钙化点和异常肿块，从而助力早期诊断与治疗。

（2）**农业智能化**：图像识别技术在农业中的应用亦日益广泛。通过捕捉并分析农田的图像数据，智能农业系统能够监测作物的生长状态，及时识别病虫害情况，并指导自动化设备进行精准施肥、灌溉乃至收割。此项技术不仅显著提升了农业生产的效率，还大幅提高了作物的产量与品质。

（3）**工业自动化**：在工业制造领域，图像识别技术是推动自动化和质量监控的重要工具。该技术能够自动检测生产线上产品的各种缺陷，如划痕、变形或色差等，确保产品质量符合标准。此外，结合图像识别技术的机器人能够执行精确地组装、分拣和包装操作，显著提高生产效率和安全性。

（4）**安防监控**：图像识别在安防领域的应用同样至关重要。在城市的公共安全监控、人脸识别门禁系统以及车辆识别等方面，图像识别技术发挥着不可或缺的作用。例如，城市监控系统中的图像识别可以自动识别可疑行为和人员，预防犯罪的发生。而在交通管理领域，图像识别能够自动识别并记录过往车辆的车牌号码，实现快速通行和违章抓拍，有效提升交通管理的智能化水平。

5. 发展与挑战

图像识别技术在人工智能领域中占据重要地位，通过计算机从数字图像或视频中获取有意义的高层次理解和信息来完成各种任务，已广泛应用于自动驾驶、医学影像分析、安防监控等多个领域。尽管图像识别取得了快速的发展，但其发展和应用仍有一些挑战：（1）模型泛化能力：一个重要挑战是如何确保模型对未曾出现过的场景具有良好的泛化能力。当前模型对数据分布的自然变化表现得较为敏感，这可能在关键应用如自动驾驶中成为严重问题。如何增强模型的泛化能力，提高模型在多样化环境中的性能是未来研究的一个方向。（2）对数据要求高：基于深度学习的图像识别模型对数据集的要求较高，当数据不足以支撑模型处理复杂场景时会导致识别精度低，甚至识别错误。因此，未来的研究应该关注如何利用有限的数据资源来训练高效的图像识别模型，例如通过迁移学习、生成对抗网络等技术来增强模型的性能。（3）技术可靠性与稳定性：尽管图像识别技术已经取得显著进步，但在某些复杂场景下，其可靠性和稳定性仍有待提高。例如，在光照不足、遮挡物较多的情况下，图像识别技术的性能可能会受到影响。（4）技术偏见与歧视：由于训练数据可能存在偏见，图像识别技术也可能产生偏见和歧视。例如，人脸识别技术可能因种族、性别等因素而产生识别差异，这需要在技术开发和应用中加以注意与纠正。

2.2.3　自然语言处理

1.　定义

自然语言处理（Natural Language Processing，NLP）的概念早在20世纪50年代便已兴起，1950年图灵发表论文《计算机与智能》并提出了"图灵测试"的方法来验证计算机的智能。这个测试的流程是由一位询问者写下自己的问题，随后将问题发送给在另一个房间中的一个人与一台机器，对话以纯文本形式透过屏幕传输，由询问者根据他们所作的回答来判断哪一个是真人，哪一个是机器，这是自然语言处理的早期概念之一。

自然语言通常是指一种自然地随文化演化的语言。汉语、英语、法语、日语等都是自然语言，自然语言处理中自然语言的含义要更广，人类社会中存在的语言包括随文化演化的语言，以及世界语等人工语言等。而计算机使用的编程语言和汇编语言则不在其中。自然语言处理是以计算机的方式处理和分析自然语言的理论与方法的总称，是计算机科学、机器学习、人工智能、语言学、生物学、脑科学等学科的交叉领域。自然语言处理，即让计算机能够理解、处理生成自然语言，使计算机能够实现与人或者其他计算机基于自然语言的交互。

2.　基本原理

自然语言处理的基本原理是通过对大量的语料库进行训练，让计算机学习到语言的语法、语义、上下文等信息，从而能够理解人类的语言。这个过程中对自然语言的处理包括以下几个方面[7]：词法分析、句法分析、语义分析、篇章级分析和语用分析。

词法分析是指通过对词语之间的联系进行分析，从而实现对局部信息的分析和抓取。词法分析是大多数自然语言处理任务的第一步，研究者将输入文本或一系列字符打上词汇标签，让计算机理解词语的词性，亦即词性标注任务。词法分析是自然语言处理的基础，其结果也可用于实现词形还原、停用词删除等其他任务。

句法分析的分析对象是基于词法分析而生成的各种结构短语，句法分析通过分析句子的语法结构得知句子的构成和句法结构以及词语、短语之间的关系。句法输出的结果是表达词性之间依赖性关系的句子，考虑语序、单词形态、词性等在句子中的构成，以及对句子依赖性的影响。

语义分析通过处理句子的逻辑结构识别密切相关的单词，以理解句子中单词或不同概念间的相互作用，从而确定句子的可能含义。常见的语义分析方法包括语义分析、依存分析、语义依存图等方式，通过特定的形式来表征句子语义，如依存分析是通过构建依存分析树，以单词为根（ROOT）生成一组带有句法关系标签的有向边，形成有向树结构来分析和表征语义信息。

篇章级分析则需要关注上下文之间的联系，要建立单词和句子与整体篇章的联系逻辑，解释句子之间的关系，从多个层面分析整个篇章的语义信息。常见的篇章级分析任务如共指消解，需要在篇章或某一段文本中找到对应同一实体的描述表达式，使文章中关于这一实体的语义信息能够从整体上进行理解与表达。

语用分析关注人们使用语言的具体情境，包括理解语言中的言外之意，如暗示、隐喻、间接表达、讽刺等；理解语言中的语言行为，探讨与语言的目的如请求、命令、道歉、赞美等；理解语言的结构，一段对话是如何展开的，理解谈话策略，理解对话中的信息提供、信息回应、对话管理、话题转换等；以及理解谈话背后的社会和文化因素，理解和分析不同文化背景下如何使用语言，语言所表达的含义的差别等。

语言（文本）通过上述方式转换成为一系列的符号，以使计算机能够直接识别处理，然后对这些符号进行分析和处理，最后将这些处理结果转换成计算机可以理解和执行的符号语言。更进一步地，应用到计算机需要完成自然语言处理过程的形式化描述：把需要研究的问题在语言上建立形式化模型，使其可以数学形式表示出来。之后，在形式化描述的基础上进一步建立算法形成自然语言处理模型。早期的自然语言处理是通过逻辑处理的形式完成的，随后的发展中逐渐采取统计的形式来进行语言处理，随着机器学习、深度学习和人工智能的发展，神经网络的发展为自然语言处理的发展树立了新的里程碑，现如今我们生活中所见到的前沿自然语言处理模型几乎都是由神经网络（深度学习）发展而来。

3. 技术框架与发展

自然语言处理技术的发展在总体上可大致分为四个阶段[8]。

20世纪50年代的萌芽时期，计算机的诞生、人工智能（图灵测试）的提出为自然语言处理描廓了基础蓝图，为人类实现自然语言处理提供了动力，催生了借助计算机探索和理解自然语言机制的理念。

20世纪60年代至90年代是自然语言处理的初步发展时期，在这一时期科研工作者们开始了形式语言理论和形式逻辑系统的研究，以人工的方式利用语言知识归纳形成语言规则，建立语言知识库来构建计算机理解自然语言的逻辑，实现语言的推理和表示。但借助语言规则与逻辑表示实现的自然语言处理难度过高，随着逻辑构建越来越复杂，逻辑链条之间互相冲突倾轧，模型的持续性与移植性都比较差。人们逐渐意识到单纯依靠规则和逻辑无法实现自然语言处理与人工智能。

早在20世纪70年代，便有研究者采用基于贝叶斯方法的统计学研究方法来实现自然语言处理。20世纪90年代至21世纪初，基于概率统计、信息论以及机器学习的自然语言处理方式成为主流。基于概率统计的研究方法将自然语言视作随机对象，从大量语言文本数据中学习词汇和概率的分布。在这一方法的基础上发展出许多基于统计的自然语言处理模型，自然语言处理也得到更广泛的关注与应用。尽管如此，统计语言模型存在许多缺点，如注重文本匹配与词汇概率而忽略文本语义和推理性能，模型依赖于样本数量同时缺少相应的泛化能力，无法存储更多语义信息，在篇章级语义理解上实现较为困难。

随着计算机的速度和存储量大幅增加，为自然语言处理改善了物质基础，使得语音和语言处理的商品化开发成为可能。20世纪90年代，互联网商业化和同期网络技术的发展使基于自然语言的信息检索和信息抽取的需求变得更加突出。这些统统为自然语言处理提供了良好的发展环境。21世纪初，深度神经网络的兴起带动了人工智能的技术突破，神经网络语言模型的出现为自然语言处理奠定了更广阔的基础。神经网络语言模型使用低维、稠密的实值向量表示语言中的各个组成要素，通过词向量可以获取词之间的相互联系，进而为语言的语义解析提供了基础。随后发展起来的各种基于深度神经网络（深度学习）的自然语言处理模型进一步拓展了神经网络自然语言处理的性能。近年来，基于神经网络的语言模型成为文本表示的主流方法，这些模型解决了传统语言模型的单向性和浅层性，为自然语言处理提供了架构式和普适性的文本表示与应用。

自然语言处理的概念经过演进革新，最终变成现在熟知的主流方法，即采用深度学习的方式，利用深度神经网络处理自然语言。奠定这一革新进程的两个模型，一个是2000年提出的神经网络语言模型[9]（Neural Network Language Model，NNLM），另一个是2017年提出的Transformer架构[10]。

前者实现了用神经网络模型使用更低维、稠密的实值向量来表示和分析语言中的各个组成要素，解决了传统基于统计概率的自然语言处理模型中应用神经网络时会出现的维数灾难（Curse of Dimensionalit，通常是指在涉及向量的计算的问题中，随着维数的增加，计算量呈指数倍增长的一种现象）。后者则得益于优秀的结构设计，提出了自注意力机制（Self-Attention Mechanism），成为深度学习自然语言处理模型的典范，现阶段我们所见到的预训练模型与大语言模型大部分是从Transformer架构上发展而来。其具体技术框架如下：

（1）神经网络语言模型

神经网络语言模型的设计目的是解决应用神经网络来处理自然语言时会出现的维数灾难。从现在的角度来看，该网络结构简单，处理效率也不算甚高。但在自然语言处理技术还没有得到充分发展的当时，这个模型的提出无疑开启了一个新的时代，该网络中包括输入层、隐藏层、输出层，模型的任务是通过输入由文本解析得来的实值向量，通过计算预测词相对于已有词汇（预测词之前的词汇）出现的条件概率，在输出端对词汇出现的序列概率进行预测，并考虑词汇之间的相似性。

网络整体的数据流程如下：模型一共三层，第一层是输入层，将N个词汇映射为对应词向量的拼接，在这个过程中映射输出的结果是一个维数上远小于总词汇表的特征向量；第二层是隐藏层，激活函数用tanh；第三层是输出层，因为是语言模型，需要根据前N个单词预测下一个单词，使用softmax函数完成多分类任务，整个模型最大的计算量集中在最后一层上，这一层将计算每个单词的条件概率，是整个模型的计算瓶颈，最后实现对于词汇序列概率的预测。

神经网络语言模型发展了神经网络自然语言处理，拓宽了其应用于更多潜在算法架构的可能性，在神经网络语言模型中提出的词特征向量，是通过降维的方式，将原本使用one-hot表示的离散的词汇数据映射成连续的实值向量空间，采用降维和聚类的方法解决了维数灾难，同时提取出词汇之间的相似性，使相似的词汇在向量空间上的距离（通常是欧式距离）靠近，具备一定的高级语义。这种处理输入数据生成词特征向量的方式在后来被称为词嵌入（Word Embedding），是绝大多数深度神经网络自然语言处理模型的基础。

（2）Transformer

Transformer首度引入了自注意力机制，使其在处理序列数据时表现出色。自注意力机制是Transformer的核心概念之一，它使模型能够同时考虑输入序列中的所有位置，而不像循环神经网络（RNN）或卷积神经网络（CNN）一样逐步处理。自注意力机制允许模型根据输入序列中的不同部分来赋予不同的注意权重，从而更好地捕捉语义关系。自注意力机制被扩展为多个注意力头，每个头可以学习不同的注意权重，以更好地捕捉不同类型的关系。多头注意力允许模型并行处理不同的信息子空间。

Transformer通常是由多个相同的编码器和解码器层堆叠而成。这些堆叠的层有助于模型学习复杂的特征表示和语义。同时Transformer没有内置的序列位置信息，它需要引入额外的位置编码来表达输入序列中单词的位置顺序。通常利用一个编码器用于处理输入序列和另一个解码器用于生成输出序列，这使其适用于序列到序列的任务，如机器翻译。在训练过程中，残差连接和层归一化等技术减轻训练过程中的梯度消失和爆炸问题，使模型更容易训练。

Transformer是一种用于自然语言处理和其他序列到序列（Sequence-to-Sequence）任务的深度学习模型架构，在自然语言处理领域，这一模型的出现可谓是一场革命。它彻底改变了传统自然语言处理任务的处理方式，在机器翻译、文本生成、问答系统等众多任务中取得了优异的成果。

4. 主要应用场景

（1）机器翻译

机器翻译是自然语言处理技术的主要应用之一，对于自然语言处理而言，理解自然语言并将其翻译成另一种语言，涉及词法分析、句法分析、语义理解、文本生成等多项任务。对于人类而言，有效的翻译本质上也比较困难。传统的机器翻译工作，是通过词典直翻的方式完成翻译任务，自然语言处理技术兴起之后，基于规则和统计的机器翻译方法被广泛应用，神经网络模型与自注意模型在自然语言处理中得到广泛应用之后，机器翻译得到长足发展，在提升翻译精准度的同时，一个模型往往能实现多种语言之间的互相翻译和混合理解。

（2）文本摘要

自然语言处理技术被广泛应用于文本摘要任务中，目的是提取文本关键信息，或者用于生成其他自然语言处理流程中的输入。文本摘要任务旨在总结文档的关键信息，生成对于最重要内容的概述，可以大致分成两类任务：抽取式摘要与生成式摘要。前者主要的目标是从文本中直接摘取，简化句子并重新排列成合适的形式，保证精炼摘取过后的文本能够传达原本的重要信息。后者则是对文本信息的理解之后根据文本语义生成概括性描述，在这个过程中可能会产生与原文本语义相同但表述形式有区别的文本，会采用文本中未曾出现过的词汇来描述文本内容。

（3）信息检索与内容审查

信息检索的常见形式是搜索引擎，基础的搜索引擎是通过输入关键字并在文本中进行检索，方式上较为刻板，输入项内容较多时往往缺乏检索重点，互相冲突。某些高级搜索引擎允许用户通过特定输入规则检索，实现更加精准的检索。而自然语言处理应用于信息检索，可以理解用户的输入信息，同时检视搜索结果的关键词、语法结构、语义关联，更准确地匹配用户需求的检索结果。此外，自然语言处理也被广泛应用于内容审查工作，检查语言的合规性与语言风格，在网络信息审核中，自然语言处理能够通过分析文本内容实现精准识别涉及暴力恐怖、政治敏感、推广诈骗、淫秽色情等内容，对于其中的异体字、生僻字和错别字等也能进行精准捕捉并纠错。在其他内容审查任务如文本风格检测和润色等任务中，自然语言处理也有不错的表现。

5. 发展与挑战

自然语言处理已经成为人工智能领域备受瞩目的一个分支，自然语言处理经历技术萌芽、依赖于逻辑规则的方法、依赖于统计的方法、基于深度学习的方法四个发展阶段，展现出蓬勃的生命力。自然语言处理在Transformer架构提出之后，在机器翻译、文本生成和语义分析等任务上有了显著的进步，模型能够处理更多的长文本序列，捕捉复杂的上下文关系。自然语言处理的进一步发展，预训练模型如BERT、Chat GPT的出现，使模型能够在大量的未经标注的文本信息上进行训练，各种大语言模型的出现如雨后春笋，其商业化的成功也昭示着自然语言处理技术迈向成熟。

然而自然语言处理也面临诸多挑战，如在极端语言多样性条件下，处理效果欠佳。对于低资源语言缺少相应的训练数据，难以实现精准的理解和生成。现有的自然语言处理技术和大语言模型往往需要大量的时间进行训练，同时依赖于训练参数的堆量，从人工智能的长远发展来看，或将缺乏可持续性能力，计算机处理器的技术限制也将成为阻碍自然语言处理技术发展的瓶颈。基于预训练模型生成的内容存在一定的不实信息，虚假内容的传播将造成一定的社会危害，这部分内容也有可能被用于重新训练模型性，或将导致失真信息偏差的累积，造成模型多样性的崩溃。除此之外，人工智能技术的快速发展带来了对社会稳定性遭受影响的隐忧，数据隐私问题与伦理问题的保证也将是一个挑战，从法律层面上而言，人工智能相关的立法限制较为薄弱，需要进一步补足。

2.2.4　生成式人工智能

1. 定义

生成式人工智能（Generative Artificial Intelligence）是一种基于人工智能的深度学习模型，能够创造原创内容，如文本、图像、视频、音频或软件代码，以响应用户的提示或请求。这一技术的核心在于通过大量数据的学习和模式识别，使深度学习模型能够自主生成相关内容。

2. 基本原理

其工作原理可以形象地比喻为一个学习艺术家的绘画过程。设想一位艺术家（即AI模型）通过观摩大量的画作（训练数据）来学习绘画的技巧和风格。这些画作包括各种色彩、构图技巧和表现手法，艺术家在不断观察的过程中，逐渐理解并掌握了这些元素如何组合在一起形成一幅美丽的画。在这个过程中，生成式AI模型使用深度学习，特别是神经网络来分析它所训练的数据集中的模式和规律。正如画家学习色彩搭配与构图，模型也在学习数据的"色彩"和"构图"，即数据的特征和模式。当这位艺术家获得一个新的画布（即初始输入或提示）后就开始作画。基于之前学习到的所有知识和技巧，能够创作出一幅带有个人风格但又不失训练时所学风格的新画作。随着绘画经验即训练数据的积累，它的作品会越来越精致，越来越难以与人类创作的内容区分开来。

3. 技术框架与发展

生成模型在人工智能领域的技术发展可追溯至20世纪50年代的隐马尔可夫模型和高斯混合模型，这一模型为语音识别和时间序列分析等任务提供了初步的解决途径。这些模型能够生成顺序数据，为后续更复杂的生成模型奠定了基础。

21世纪初，在基于深度学习的方法出现之前，生成模型开始取得实质性进展。例如，自然语言处理领域中（NLP）应用N-gram语言建模技术用于语言建模生成任务；计算机视觉领域（CV）中图像生成应用手工设计的纹理合成与映射技术，生成复杂多样的图像。这一时期，不同领域之间的交叉影响尚有限，但深度学习的潜力开始被认识到，特别是在处理图像和文本等数据方面。

2014年，生成对抗网络（GANs）的出现标志着图像生成领域的重大突破。该模型由一个生成器和一个判别器组成，通过对抗训练的方式优化，能够生成质量和多样性都极高的图像。这一创新不仅推动了图像生成技术的发展，也为其他应用领域如视频合成和艺术创作等提供了新的可能性。

2017年，Transformer模型的提出对NLP和CV领域产生了革命性的变化。与此同时，循环神经网络（RNNs）及其变体在处理序列数据，尤其是自然语言处理任务中显示了强大的能力。这些技术的进步极大地推动了序列数据的处理和理解，为后续的应用如机器翻译和文本生成等提供了强大的工具。与Transformer和RNNs同期，变分自编码器（VAEs）作为一种基于概率生成模型的方法学，在图像、音频和文本数据生成中展示了其灵活性和高效性。

2020年，扩散模型（Diffusion Model）作为一类新的生成式模型出现，特别在AI绘画上显示出强大的能力。通过逐步向数据中添加噪声，并训练模型学习从噪声中恢复原始数据，从而实现图像的生成，显著提升了图像生成的质量和细节表现，不仅提升了图像生成的质量，也为艺术家和设计师提供了新的工具。

2022年，Stable Diffusion等基于扩散模型的算法走向商业化，使得AI绘画技术更加普及。同时，基于大型语言模型的生成式人工智能应用如ChatGPT，引发了全球范围内的广泛关注，开启了人机交互的新篇章。

4. 主要应用场景

（1）图像和视频生成：在图像和视频的创意制作领域，生成式AI正逐渐成为一股不可忽视的力量，其核心在于运用高度先进的算法模型对图像进行生成与编辑，从而极大地推动了内容创造的革新。在电影界，这种技术使创作者能够构思并实现逼真的虚拟场景，甚至加强特效处理，令观众沉浸在更加震撼的视觉体验之中。对于游戏开发者而言，它提供了一种手段，可以快速构建出游戏内丰富多变的环境，增加游戏的沉浸感和吸引力。在广告领域，这种技术同样被用来打造吸引眼球的视觉作品，通过具有创意的图像和视频内容，有效地传递商业信息。其不仅显著提升了作品的质量与创新性，还极大地提高了生产效率，降低了成本开支。

（2）设计革新：设计行业的众多领域中，生成式AI带来了前所未有的变革和可能。无论是产品设计、建筑设计还是时尚设计，都能提供强大的支持。在产品创意构建中，设计师得以利用这项技术探索多样的构思，并迅速将这些构思完善成既实用又吸引人的产品。对于建筑和室内布局规划，生成式AI能够基于客户的具体需求和场地特性，提出多个合理的设计方案，并且对建筑的功能性和空间布局进行优化。在时尚设计方面，这一技术会参照最新的潮流动态和消费者的个性化选择，创作出别具一格的服装与配饰。

（3）艺术和音乐创作：生成式AI在艺术创作和音乐制作领域也展现出巨大的潜力。艺术家们可以利用这项技术创造出独一无二的艺术作品，包括绘画、雕塑和其他形式的视觉艺术。通过训练机器学习模型来分析和学习历史上的艺术风格和技术手法，艺术家们可以将自己的创意与计算机生成的元素相结合，创造出新颖且引人入胜的作品。不仅如此，生成式AI还可以用于音乐创作过程中，帮助作曲家生成新颖的旋律、和声和节奏模式，使音乐家能够突破传统创作的限制，探索新的音乐领域和风格。

5. 发展与挑战

生成式AI正迅速成为推动现代技术变革的关键力量，其发展轨迹与所面临的挑战构成了一个复杂多元的图景。随着技术进步，生成式AI已经表现出卓越的能力，能够通过数据模式学习和模拟来创造全新的内容，如图像、音频和文本等。这项技术在艺术创作、娱乐、医疗诊断和产品设计等多个领域均显示出巨大的潜力和影响力。然而在挖掘生成式AI发展前景时，不可避免地面临一系列挑战。

从技术角度来看，生成式AI面临算法复杂性、数据质量要求以及模型可解释性等方面的难题。这些问题要求技术人员进行持续的研究和改进，以确保算法的准确性和可靠性；在社会层面，生成式AI的发展也引发了一系列伦理和道德问题，例如，在AI被用于模拟人类行为或创作时，如何确保其产出的内容不侵犯版权、不传播虚假信息、不对社会造成负面影响？这要求我们在技术发展的同时，建立相应的法律法规和伦理准则，以规范AI的应用；在教育和人才培养方面，生成式AI的发展还受到人才短缺的制约。全球范围内都缺乏足够的专业人才来开发和维护复杂的AI系统，这不仅限制了技术的进步，也影响了其在各个领域的应用。因此，亟须培养更多的AI专业人才，尤其是那些既懂得技术又具备伦理意识的人才。

可以看出，生成式AI的发展道路充满希望与挑战。它既能带来颠覆性的技术创新和商业模式重塑，也必须直面数据治理的壁垒、伦理道德的拷问以及人才培养的课题。唯有在这些多维度挑战中找到平衡点，才能最大化利用生成式AI的巨大潜力，塑造一个智能、高效且公正的未来。

2.2.5 大语言模型

1. 定义

大语言模型（Large Language Models，LLMs）是指通过大规模文本数据训练得到的深度学习模型，能够理解和生成自然语言文本的技术。大语言模型是自然语言处理（NLP）领域中最重要的技术之一。大语言模型通过对大规模文本数据进行训练，能够生成高质量的自然语言文本，并具备复杂的语言理解、推理、对话和翻译能力。大语言模型的出现不仅推动了人工智能的发展，也为各种文本处理任务提供了前所未有的解决方案。

2. 基本原理

大语言模型的核心是基于深度学习的神经网络，尤其是基于Transformer架构的神经网络。Transformer是一种自注意力机制驱动的模型架构，能够有效地处理长距离依赖关系，在序列建模任务中表现出色。大语言模型通过对大规模文本数据集进行训练，学习文本中的语言模式和语义关系，从而能够生成流畅且连贯的文本，并理解和回答复杂的自然语言问题。大语言模型的训练目标通常是预测给定上下文中下一个词的概率，这种任务被称为语言建模。通过不断调整模型参数，使模型能够在各种上下文中预测出正确的下一个词，大语言模型逐渐学会了语言的语法结构和语义规则。

3. 技术框架与发展

早期方法——统计模型与神经网络的初步探索：早期的大语言模型主要依赖于统计方法，如n-gram模型。这些模型通过统计文本中词语的共现频率来预测下一个词的出现概率。虽然在某些任务中表现出一定的效果，但这些模型很难捕捉到复杂的语言结构和长距离依赖关系，限制了它们的应用范围。随着深度学习的兴起，研究者开始尝试使用神经网络来构建语言模型。递归神经网络（RNN）和长短期记忆网络（LSTM）成为这一阶段的主要模型，它们能够处理序列数据，捕捉到一定程度的上下文信息。然而由于这些模型的顺序处理方式，它们在处理长文本时容易出现梯度消失或爆炸的问题，从而限制了模型的表现。

Transformer的引入——突破性的架构：2017年，Transformer架构的引入彻底改变了大语言模型的技术框架。Transformer利用自注意力机制，可以并行处理整个序列数据，极大地提升了模型训练的效率和性能。与RNN和LSTM不同，Transformer能够轻松捕捉长距离依赖关系，避免了传统神经网络中的信息丢失问题。这一架构不仅在机器翻译任务中表现出色，还为之后更大规模的语言模型奠定了基础。

GPT的发展——从GPT-1到GPT-4：2018年，OpenAI发布了GPT-1，这是基于Transformer架构的生成式预训练模型。GPT-1虽然只有1.1亿参数，但它展示了通过大规模预训练提升文本生成质量的潜力。随后，2019年发布的GPT-2将参数数量增加到15亿，并展示了更强大的文本生成能力，能够执行包括对话生成、文本摘要、问答等多种任务。2020年，GPT-3问世，成为当时最大的大语言模型，拥有1750亿参数。GPT-3不仅能生成高度连贯的文本，还展现出跨任务的适应性，能够在没有专门训练的情况下通过提示完成各种复杂任务。GPT-3的"少样本"学习能力进一步证明了大规模预训练模型的强大。2023年，OpenAI推出了GPT-4和GPT-4 Turbo，进一步提升了大语言模型的性能。GPT-4不仅在文本生成上表现优异，还在理解和推理复杂信息方面取得了突破。GPT-4 Turbo则是在保持高性能的同时优化了成本和效率，适应更广泛的应用场景。这些模型在处理复杂对话、生成编程代码、学术研究支持等方面都展现了卓越的能力。

近年来，我国的科技公司也在大语言模型领域取得显著进展，开发了多个具有竞争力的模型。

百度推出的大语言模型"文心一言"（Ernie Bot），基于其ERNIE（Enhanced Representation through Knowledge Integration）架构，整合了知识图谱与语言模型，能够在多种NLP任务中表现出色。"文心一言"特别擅长中文理解和生成任务，且在搜索引擎、对话系统、文本分类等应用场景中展现了强大的能力。"文心一言"的多模态版本还能够处理文本与图像的融合任务，为智能搜索和推荐系统提供了新的技术支持。

阿里巴巴推出的大语言模型"通义千问"（Tongyi Qianwen），基于其自行研究的M6架构。这一模型在多语言、多任务处理上表现优异，特别是在电商领域的智能客服、商品推荐和文本生成等任务中有广泛应用。"通义千问"在规模和性能上不断进步，已经成为阿里巴巴各项智能服务的核心技术之一。

腾讯的"混元"大模型（Hunyuan），是该公司在多模态和多任务处理上的重要尝试。混元模型融合了文本、图像、视频等多种数据模态，特别适用于智能广告、内容生成、用户画像等应用场景。腾讯通过"混元"大模型不断优化其社交媒体平台、游戏和金融服务中的智能推荐系统。

华为推出的"盘古"大模型（Pangu），是针对工业互联网和智能制造领域开发的大语言模型。"盘古"大模型专注于行业应用，尤其是在制造业、能源、交通等领域，通过多任务学习和多模态数据处理，为企业提供智能化解决方案。华为的技术积累使"盘古"大模型在处理复杂行业场景时具备强大的优势。

科大讯飞的"星火认知"大模型（Spark Desk），是面向教育和医疗领域开发的，专注于知识问答、教育测评、智能辅导等的应用。"星火认知"大模型通过结合语音识别和自然语言理解技术，为用户提供精准、高效的智能服务。该模型在中国的教育和医疗市场中得到广泛的应用。

北京智源推出的"悟道"（Wudao）大模型，是国内首个超大规模模型，拥有1.75万亿参数，覆盖自然语言处理、计算机视觉、多模态理解等多种任务。"悟道"大模型在文本生成、图像识别、视频内容理解等方面表现卓越，特别适用于短视频内容创作、智能推荐等应用场景。

4. 主要应用场景

（1）人机交互与对话系统：大语言模型在构建人机交互和智能对话系统方面表现出色，这些模型能够以自然、流畅的方式与人类进行对话，模拟真人的交流模式，从而为用户提供更贴心的服务。在虚拟助手、智能客服和复杂的业务处理场景中，大语言模型已得到广泛应用。例如，智能助手能够理解用户的语音或文本指令，并做出个性化的回应，帮助用户完成任务或解决问题。在企业环境中，这些系统还可以处理复杂的客户请求、协调多项业务流程，并为用户提供实时支持，大大提升了服务质量和效率。

（2）**医学领域的应用**：大语言模型在医学领域展现出巨大的潜力，特别是在支持医生进行诊断和治疗决策方面。通过分析大量的医疗记录、病历和医学研究文献，这些模型可以提供精确的诊断建议和治疗方案。它们能够结合患者的病史数据，综合最新的医学研究，为医生提供个性化的治疗建议，帮助识别潜在的健康问题。这些系统还能通过对医疗数据的深度分析，识别罕见的病症或预测疾病的可能进展，从而在早期阶段就采取预防措施。

（3）**教育领域的应用**：大语言模型在教育领域的应用日益广泛，特别是在智能辅导系统中。这些模型能够理解学生的问题，提供个性化的学习建议，帮助学生在学习过程中克服难点。智能辅导系统能够分析学生的学习进度，提供针对性的练习和辅导。此外，这些系统还能生成个性化的教学内容，并自动评估学生的作业和答题情况，从而让学习更加高效、个性化。同时，它们为教师减轻了工作负担，帮助教师更好地关注学生的个性化需求。

（4）**企业信息管理与知识库构建**：企业中，大语言模型被用来构建智能知识库，帮助员工快速获取所需的信息和解决方案。它可以自动整理和分类企业内部的文件、邮件和报告，提升信息查询的效率。

5. 发展与挑战

尽管大语言模型在自然语言处理领域取得显著的进展，但其发展和应用仍面临诸多挑战：（1）**计算资源消耗巨大**：训练大语言模型需要大量的计算资源和存储空间，这对计算设备的性能提出了极高的要求。同时，训练过程中的能源消耗是一个不可忽视的问题。（2）**模型的可解释性不足**：大语言模型是黑箱模型，难以解释其决策过程和生成结果。这使得在某些需要高透明度和可解释性的应用场景中，大语言模型的应用受到限制。（3）**偏见与伦理问题**：大语言模型可能会从训练数据中学习到社会偏见，并在生成的文本中反映这些偏见。这引发了关于人工智能伦理和公平性的重要讨论，需要在模型设计和训练过程中加以关注。（4）**数据依赖性强**：大语言模型依赖于大规模、高质量的训练数据。如果数据质量不高，模型的性能和生成结果将受到显著影响。此外，在特定领域的应用中，往往需要专门的领域数据进行微调。（5）**过拟合风险**：在训练过程中，如果模型参数过于复杂，可能会出现过拟合问题，即模型在训练数据上表现很好，但在新数据上的泛化能力不足。解决这一问题需要在模型设计和训练过程中进行适当的正则化处理。

大语言模型的发展前景广阔，未来可能会朝着以下几个方向进一步发展：（1）**模型压缩与优化**：为了解决大语言模型的计算资源消耗问题，研究人员正在积极探索模型压缩与优化技术，如模型剪枝、量化和蒸馏等。这些技术可以在不显著损失模型性能的前提下，显著减少模型的计算和存储需求。（2）**多模态学习**：随着自然语言处理与计算机视觉、语音处理等领域的融合，未来的大语言模型可能会朝着多模态学习的方向发展，能够同时处理文本、图像和语音等多种类型的数据，从而实现更复杂的智能应用。（3）**自监督学习的进一步推广**：自监督学习已经成为大语言模型的重要训练方法，未来这一技术可能会得到进一步发展，尤其是在缺乏大规模标注数据的情况下，自监督学习将发挥更大的作用。**（4）提高模型的可解释性**：为了应对大语言模型的黑箱问题，未来的研究将致力于提高模型的可解释性，使其决策过程更加透明，增强用户对模型的信任。**（5）伦理与偏见问题的解决**：为应对模型中的偏见和伦理问题，未来的大语言模型可能会引入更多的约束和控制机制，确保生成的文本符合社会的伦理标准，并减少偏见的传播。**（6）跨语言与跨文化能力**：随着全球化的发展，大语言模型需要具备更强的跨语言与跨文化能力，以便在多语言、多文化背景下实现更广泛的应用。

2.3 典型案例分析

2.3.1 数据挖掘典型案例分析

数据挖掘技术可以提取和分析大量数据中的有用信息，为建筑行业提供强大的技术支持和决策依据。随着技术的不断进步和应用的深入拓展，数据挖掘已经贯穿了建筑项目全过程。以下为数据挖掘技术在建筑领域的应用案例。

1. 案例一：投资决策阶段——建设成本估算

工程建设前期的成本估算对于项目的成功实施至关重要。将数据挖掘应用到项目成本估算中，可以提高效率，确保成本估算的准确性和有效性。Williams等人[11]运用数据挖掘技术，对建设项目成本超支情况进行预测。

为了得到可用于数据挖掘的数据集，Williams等人从加利福尼亚州交通部网站上收集了1221条公路的竞标数据，其中包括低价投标、已完成的项目成本和投标人数量，并剔除数据中的异常值（成本比原投标价格低25%以上的项目）。他们将项目分为三类：成本超支项目（成本增加超过投标价的6%）、接近原始竞标价项目（成本增加在投标价的+6% ～ –3%）、成本节约项目（成本节约超过投标价的3%）。训练出的模型将对这三类项目进行预测。除了数字数据外，他们还从标书中的项目摘要中收集了简短的2 ～ 3句话作为项目描述。

Williams等人使用专业的数据挖掘软件进行投标数据的预测分析。他们使用不同算法构建了许多模型，结合文本和数值数据来预测项目的超支情况。每个模型使用60%的数据用于训练，40%的数据用于测试。为了在所有数据集上应用数据挖掘算法，他们将文本数据和数值数据分开处理，将文本数据删除多余信息并转换成可用于数据挖掘算法的数值型属性。他们使用多种分类算法（Ridor算法、K-Star算法、径向基函数、堆积算法）构建不同的分类模型。

对文本数据进行分析，可以发现"replac_bridg""excav_asphalt"和"drainag"等词经常与成本超支联系在一起；"barrier""plant""steel_post"和"resurface_exist"这样的词表示项目成本很可能接近原始竞标价；而成本节约的项目常常与"Binder""sand"等词联系在一起。在数据集上应用不同的分类模型，模型的平均准确率为39.66% ～

44.75%。使用不同的分类模型，结果发现：堆积模型的平均精度为43.72%，该模型在预测成本超支项目和接近竞标价项目方面表现最好，对成本节约项目的预测准确率较低；RBF模型预测准确率最高，为44.47%，然而RBF模型无法预测成本节约项目，并且在预测成本超支项目效果较差；K-Star模型的成本节约项目预测准确率最高，但效果仍然不理想；与仅使用数值数据训练模型相比，将文本数据与数值数据相结合，模型的准确率和召回率更高，这表明标书中有用的资料有助于改进对超支费用的预测。

2. 案例二：工程设计阶段——混凝土抗压强度的预测

为了研究环保混凝土的性能，Omran[12]等人使用数据挖掘技术，建立机器学习模型预测环保混凝土的抗压强度。为了获取可靠的数据集，Omran等人设计并制备了36批不同批次的混凝土。除了在混凝土中加入硅酸盐水泥或通用石灰水泥，每批混凝土中还添加了不同比例的粉煤灰和陶粒轻骨料，以便确定不同材料对混凝土抗压强度的影响。水泥、粉煤灰的重量百分比、陶粒轻骨料的体积比、实际含水量、砂含量、骨料含量、引气剂添加量和混凝土养护龄期作为模型的影响变量。实验所需的混凝土在实验室搅拌机中搅拌，试块的制作、浇筑和养护全过程均按相关标准进行，在3d、7d、28d和90d四个不同的养护期中，对每批混凝土混合物中的三个圆柱体试块进行抗压强度测试。每三个气缸的平均测试结果在数据库中形成一个数据点。

基于混凝土试块的测试数据，Omran等人建立了多个用于预测环保混凝土抗压强度的机器学习模型，并使用相关系数、决定系数、均方根误差和平均绝对误差来评估生成模型的预测准确性。模型包括三个高级预测模型（多层感知器、支持向量机和高斯过程回归）、四个回归树模型（M5P、REPTree、M5-Rules和决策树）和两种集成方法（Additive Regression和Bagging）。实验结果表明，经过恰当的参数调整后，训练的模型都具有较好的预测性能。此外，高斯过程回归模型的预测精度最高，而REPTree的预测精度最低。鉴于数据挖掘模型预测混凝土抗压强度的效果良好，未来的研究可以采用这种方法研究混凝土的其他性能，如抗拉强度、耐久性或混凝土坍落度。

3. 案例三：工程施工阶段——建筑事故因素分析

在建筑施工流程中融入数据挖掘技术，能够有效赋能施工管理、强化质量控制流程、深化安全监管力度，为施工企业提供强大的技术支持和决策依据。Cheng[13]等人利用数据挖掘中的关联规则算法分析了建筑事故的涉及因素。

为了确定建筑事故数据中因果的基本规则，Cheng等人调查了劳工委员会（我国台湾地区行政管理机构）职业事故数据库中记录的2000～2007年的1347份行业职业事故报告和死亡报告，并根据美国国家标准协会的事故分类规则对事故进行分类。随后对数据进行清洗、整合，选择合适的数据并转化成可输入模型的形式以便进行数据挖掘，最后对结果进行分析评价。

Cheng等人调查分析了影响建筑事故的主要因素，分别是工程项目类型（建筑项目）、公司规模（员工人数少于10人）、工人经验（工作时间低于1个月）、事故类型（跌倒或跌倒、身体失去平衡）、不安全姿势（尤其是无防护的高处作业）、不安全行为（主要是工人未使用个人防护设备）与建筑物和施工设施的有害接触。对以上因素进行关联规则分析，结果表明：事故类型和项目类型、工作内容、事故地点、伤害来源、不安全环境和不安全行为均高度相关。大多数事故的主要原因是未能消除工作环境中的危险条件，在员工人数少于10人的公司发生事故的概率更高，这是因为规模较小的公司通常无法采取相应的职业健康和安全措施。他们还研究了事故发生的时间规律：建筑事故的发生率在11：00～12：00和16：00～17：00期间最高，这可能是疲劳导致；7月～9月期间的事故发生率达到顶峰；周末（周六和周日）发生的事故占所有事故的26%，这可能与更放松的心情或未能正确使用防护服和设备有关。

根据关联分析的结果，Cheng等人得出结论：大多数职业事故是由于工人或管理层的疏忽造成的，因此应加强事故现场的管理，对工人进行系统的培训以及增强管理层对事故的重视程度。此外，应建立一个完整的事故数据库，以便系统地对事故进行关联分析，优化每个建筑工作场所的安全程序。

4. 案例四：交付使用阶段——办公室热舒适性与开窗行为分析

利用数据挖掘技术，Sun等人[14]研究了哈尔滨市不同规模办公室的热舒适性与办公人员行为之间的联系。

Sun等人对位于哈尔滨市的10个办公室进行为期一年的纵向问卷调查，并持续记录环境参数和人员行为状态变化。根据供暖和空调系统的特点，他们选择了典型的办公室，包括私人办公室、共享私人办公室和开放式办公室，共80位志愿者参与了调查。Sun等人分三个阶段进行了问卷调查：初始阶段问卷的目的是帮助受试者养成按时填写的习惯，并获取一些基本信息（包括受试者对办公环境的总体感受以及他们对办公环境的适应性行为）；每日问卷旨在获取受试者的着装情况以及冷暖情况；而最终阶段问卷的目的是获取受试者的整体冷热体验和问卷满意度。同时，Sun等人详细测量了办公楼的空间组织结构以及几何设计参数，以方便数据分析和模拟建模；使用专业的设备分别以30min和15min的间隔连续记录室内和室外的环境参数，监测风扇、夏季空调和冬季供暖设施使用情况以及窗户开关状态。

基于采集的数据，Sun等人采用逻辑分析法分析了窗户开启行为的影响因素。通过二元逻辑回归检验了窗口状态变化与每个参数之间的关联程度，并将逻辑回归分析结果与长期行为的测量分布特征相结合，确定中国东北地区开窗行为的影响因素。结果表明，季节和习惯是开窗行为的主要驱动因素。将一天中的时间分为六个时段，即清晨、早晨、中午、下午、傍晚和晚上，并且分别考虑周末和工作日，使用聚类分析获得夏季和冬季开窗持续时间的规律。通过聚类分析，他们得到三种夏季开窗持续时间模式（一直开窗、工作时间开窗、随机时段开窗）和四种冬季开窗持续时间模式（清晨早晨短时间开窗、清晨开窗、早晨开窗、中午开窗）。根据夏季和冬季开窗行为的影响因素及开窗持续时间规律，应用关联规则，对每个办公室进行分类。最后，使用动态分析软件形成窗户开启行为曲线，并将其关联到建筑热性能模型，有利于办公建筑的维护和管理。

2.3.2 图像识别典型案例分析

随着人工智能的快速发展，图像识别技术已经广泛应用在各个行业，也在建筑行业中起到不可或缺的作用。图像识别技术通过处理大量的图像数据来辅助实施工程项目的安全管理、质量控制、进度管理等工程管理任务，在提高效率的同时也能减少人力资源的消耗，相较于传统的工程管理有着显著的优势。以下是图像识别技术在安全管理和质量检测方面的四个应用案例。

1. 案例一：图像识别助力智慧工地安全管理

随着城市化进程的推进和信息技术的发展，智慧工地作为一种智能化的管理方式应运而生。图像识别技术作为一种人工智能技术在智慧工地安全管理中发挥着巨大的作用。图像识别技术助力智慧工地安全管理主要通过实时监测、智能分析和事故预警等方式实现。在智慧工地中，图像识别技术的应用极大地提高了工地安全管理的效率和准确性。图像识别在智慧工地安全管理中的具体应用如图2-1所示。

(a) 安全着装识别

(b) 环境风险识别

(c) 施工物料管理

(d) 危险行为识别

图2-1　智慧工地中的安全管理

（1）安全着装识别：在智慧工地中，安全着装识别是至关重要的一环。图像识别技术通过摄像头自动检测工人是否正确佩戴安全帽、穿戴反光衣、护目镜、防护手套等个人防护装备，若发现违规行为，系统会立即发出警告并提醒他们采取必要的安全措施。这种技术的应用极大地减少了因个人防护不到位而引发的安全事故，为工地安全管理提供了有力的技术支持。

（2）环境风险识别：环境风险识别是智慧工地安全管理的另一个重要方面。利用图像识别技术，监控系统可以实时检测工地内的烟雾和火焰，一旦识别出这些安全隐患，系统会立即触发告警并联动消防装置进行喷淋灭火。这种技术的应用不仅提高了工地的安全水平，还为工地的应急处理提供了及时有效的支持。

（3）施工物料管理：在智慧工地中，施工物料管理是一个复杂而关键的任务。图像识别技术用于监控施工物料和设备的存储与使用情况，防止盗窃和纠纷的发生，并及时识别物料短缺或过剩的情况，帮助管理人员合理调配资源。这种技术的应用不仅提高了工地的物资管理水平，还为工地的成本控制和资源优化提供了有力的支持。

（4）危险行为识别：危险行为识别是智慧工地安全管理的核心之一。采用高精度的图像识别算法，如YOLO和CNN–LSTM算法，实现对施工人员危险行为的高精度识别，如进入危险区域、高处作业无防护等，并及时预警，保障工人的人身安全。这种技术的应用不仅提高了工地的安全水平，也为工地的规范管理和事故预防提供了有力的支持。

2. 案例二：基于卷积神经网络的砖砌体裂缝检测

随着基于深度学习的图像识别技术的快速发展，近年来越来越多的土木领域的研究开始把图像识别技术应用在建筑、路面、桥梁等结构的裂缝检测上，都取得不错的效果。一般结构的裂缝是在结构的表面，传统的检查方式是以人工目视检查为主，但耗时耗力，缺少统一的规则。而基于图像识别技术的土木基础设施裂缝分析可以自动处理检查图像数据来进行裂缝检测、定位和量化。

砖砌体是世界上现存建筑中使用量很大的结构构件，特别是一些古建筑。由于使用时间较长和一些环境因素的侵害，一些建筑的砖砌体开始出现裂缝。使用卷积神经网络进行砖砌体裂缝的识别高效且准确，能够快速地进行分类和定位。使用卷积神经网络进行图像裂缝检测的分类可以分为三种类型：（1）图像补丁分类（Image Patch Classification）；（2）边界框回归（Boundary Box Regression）；（3）语义分割（Semantic Segmentation）。图像裂缝检测的示例如图2-2[15]所示。在图像补丁分类中，图像被划分为多个块，每个块被标记为一个类别（图2-3a）。当考虑边界框回归时，检测到的裂缝会被一个边界框框住，并显示它的位置和大小（图2-3b）。这两种分类技术已被广泛用于检测裂纹和其他缺陷，并显示良好的效果。不过，这两种分类技术都是在补丁级而不是像素级实现的。相反，语义分割可提供有关任何缺陷或者裂缝的确切位置、宽度或长度的信息，因为每个像素都被分给一个类标签（图2-3c）。

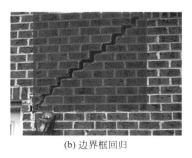

(a) 图像补丁分类　　　　　　　　(b) 边界框回归　　　　　　　　(c) 语义分割

图2-2　裂缝检测的三种形式[15]

基于卷积神经网络的图像识别技术在建筑裂缝检测领域展现出显著优势。它通过自动提取图像特征，消除了依赖人工经验进行特征选择的需要，提升了识别的精确度和效率。此外，该技术能够处理海量的图像数据，适应大规模建筑表面的自动化检测需求。经过训练的CNN模型对不同形态和尺寸的裂缝具有良好的泛化能力，并且对环境变化如光照和噪声表现出强大的鲁棒性，从而确保检测工作的可靠性和稳定性，为建筑维护提供了有力的技术支持。

3. 案例三：建筑立面瓷砖脱落识别

瓷砖是许多地区建筑围护结构的主要保护结构，起到防护和装饰的作用。但是当瓷砖从建筑立面脱落时，它们不仅通过潜在的坠落事故对附近居民构成直接的人身威胁，而且损害了建筑本身的结构完整性。缺失的瓷砖破坏了建筑设计的防水和绝缘能力。暴露的区域变得容易受到元素的影响，允许雨水和湿气进入，进一步加速退化并损害剩余瓷砖与墙壁之间的附着力。因此，有必要检测建筑立面瓷砖的脱落情况并做出相应的维护。在台湾大部分地区，瓷砖是主要的建筑立面保护。为了应对这一挑战，Cao[16]引入了一种创新的基于深度学习的分割模型YOLOM，该模型结合YOLO v7和基于blendmask的分割技术的优势，并通过高效层聚合网络（ELAN）进一步丰富，以提高瓷砖剥皮的特征识别和提取能力。该研究使用无人机上搭载的数码相机拍摄了台湾地区老旧建筑立面图，使用1458张图像和4598个瓷砖脱落实例构建了瓷砖脱落分割数据集，对数据集中的图像进行处理，包括调整图像的分辨率、对每个实例进行标注等，确保深度学习模型是在高质量的数据集上进行训练的。为了评估提出的YOLOM模型，作者将YOLOM模型和其他相关的多种模型进行了对比实验，强调每个模型在准确分割和检测建筑立面瓷砖剥落区域方面的优缺点。另外，实验旨在评估YOLOM的实际适用性，重点关注该模型实时实现检测的潜力及其模型复杂性。对比实验结果显示：在大多数场景下，YOLOM模型的平均精度都高于其他模型，也拥有更好的分割结果，特别是在图像上的较小的瓷砖的分割上有很好的效果。最后，该研究对瓷砖剥落区域分割中的误认原因进行综合分析，分析结果有助于提出战略性措施来纠正已发现的问题，从而提高YOLOM在瓷砖剥离分割任务中的整体性能和可靠性。

除此之外，该研究还将YOLOM与无人机技术结合使用，解决了手持相机设备无法在高空中拍摄高层建筑的问题。将YOLOM模型整合到无人机系统中需要将经过训练的模型嵌入无人机的机载计算系统中。这样可以在无人机飞行过程中捕获高分辨率图像时进行实时分析。通过将YOLOM模型精度高的特点与无人机的多功能性和覆盖范围战略性地结合起来，可以将测量建筑立面的精度提升到前所未有的水平。YOLOM模型瓷砖脱落分割结果图如图2-3所示[16]。

2.3.3 自然语言处理典型案例分析

智能建造和智慧建筑很大程度上依赖数据建造和维护工程结构，数据包括结构化数据和非结构化数据。结构数据（例如传感器数据）通常存储在固定的规整格式中，但是非结构化数据（例如图像和文本）一般很难有效处理。当前的智能建筑以结构化数据为

(a) 无人机拍摄的图像

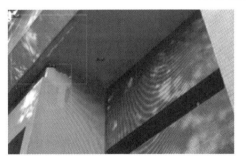 

(b) 手持相机设备拍摄的图像

图2-3 YOLOM 模型瓷砖脱落分割结果图[16]

主，信息平台如建筑信息模型（BIM）、地理信息系统（GIS）、基于物联网的项目系统等依赖于数据库表单。然而，工程建设中超过80%的数据是非结构化的，其中大部分是文本。此外，在建设项目中收集文本数据更容易，成本也更低。因此，自动智能地提取和理解文本数据成为一个急切的需求，自然语言处理可以实现上述目的，自然语言应用于工程建设中，将有效地提升数据挖掘、信息整合的效率，具有重要的意义和经济效益。本节将以工程案例为核心，介绍自然语言处理在工程建设中的应用。

1. 案例一：信息提取

信息提取是自然语言处理在工程建设中的一个典型案例，Lee等人[17]提出了一种基于自然语言处理模型的合同风险自动提取模型，模型可用于检测合同中的有害条款，并向用户显示警告信息，帮助用户审查在招标和合同阶段不应错过的重要条款，实现对合同管理的高效支持，减少合同风险。

（1）模型的规则制定：该模型使用基于手动定制的规则来进行信息提取，通过收集相关有害条款案例，比较现场条件差异、转包、延误、政府延误、文件解释优先级、付款、争议解决、进场权利、法律变更调整、承包商索赔，以及与终止相关的有害条款等多项数据，用于分析句型句法和制定提取规则：1）预处理规则，用于简化句子结构；2）句法规则，用于根据句子的语法结构定位 SVO（Subject–Verb–Object）元组；3）语义规则，用于使用词典进行基于上下文的分析。

（2）模型的句法分析：在句法分析上采用依存关系解析器来分析依存语法，解析采用Google开发的开源模型SyntaxNet的依存语法解析器Parsey McParseface。将一个句子作为输入值，通过将每个句子按照单词级别划分，分配标签，并将单词的依存关系表示为依存解析树，识别每个单词的语法角色，如图2-4[17]所示。

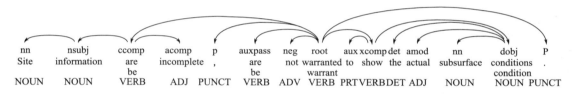

图2-4　依存解析树[17]

（3）模型的语义分析：在语义分析上采用基于词典的语义匹配结构，并定义了特定于建筑合同领域的词汇，以创建建筑合同词典，并采用NLP研究中流行的词汇词典WordNet来丰富词汇表。如图2-5[17]所示，根据词典中存储的信息，考虑句子成分的寻找与合同风险相对应的句子，通过词典进行语义匹配后，可以进行基于规则的信息提取，进一步识别与合同风险相关的句子。

通过整合上述流程，该模型接收文本文档作为输入数据，并自动审查合同中与风险相关的条款，无须用户进行任何额外操作。首先按句子单位对输入的文本文档进行分词，然后对文档从第一句到最后一句的每个句子依次应用预处理、句法和语义规则。如果匹配的句子出现在任何语义规则中，则该句子被自动识别为危险条款，如果它与任何语义规则都不匹配，则将其归类为无风险句子。模型的实现效果如图2-6[17]所示。

2. 案例二：信息交换

工程建设中的信息往往过于分散，信息交换效率低下，要实现对工程建设的统筹与管理，仅实现信息提取还不够，如何结合其他信息手段，提升工程建设中的信息交换效率，实现一体化管理，是自然语言处理在工程建设领域的另一个典型应用。Xie等人[18]

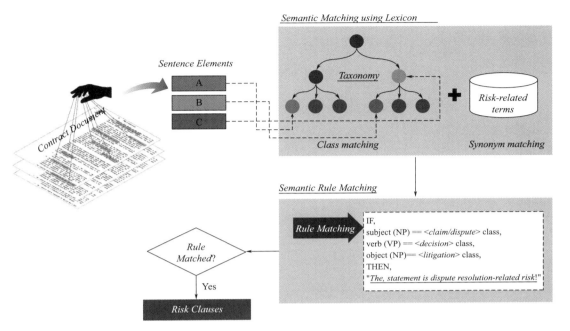

图 2-5　语义分析实现方式[17]

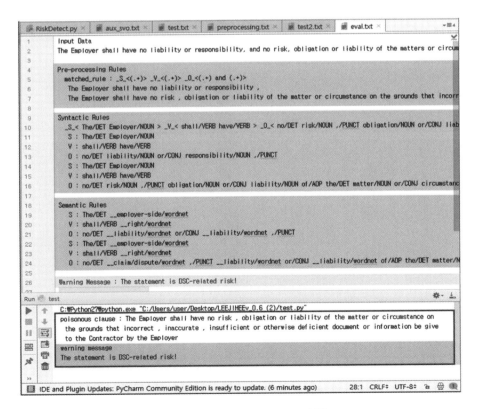

图 2-6　有害条款检测效果[17]

提出了基于自然语言处理技术将现实世界设施与BIM数据匹配的方案，通过将设施信息以自然语言表示，应用自然语言处理技术实现信息提取并将之匹配到BIM模型中对应的构件信息上。

这个方案可以分为三个步骤：

（1）构建BIM层级树（Hierarchy Tree）：根据建筑物原有的空间结构关系，将BIM模型描述为树形结构，深度为四层。如图2-7[18]所示，第一层节点代表整体模型，第二层节点代表建筑物的垂直空间配置，第三层节点代表建筑物的水平空间配置，第四层代表位于建筑物子空间内的设施。

图2-7　层次树建立方法示意图[18]

（2）基于位置信息提取模型（Location Information Extract Model）获取实际基础设施的位置信息。由于位置信息是采用自然语言描述，为了让计算机理解这些自然语言信息，需要先对其进行自然语言处理。为保证对基础设施自然描述的理解能够一致，利用国际字典框架（International Framework for Dictionaries，IFD）对自然语言处理后的关键信息进行语义消歧，从而得到规范的自然语言词序列。

（3）将自然语言信息与BIM层级树进行匹配：建立自然语言词序列与BIM层级树的匹配形式，层级树的匹配路径的个数被设置为叶节点个数，将所有可能的匹配路径描述为矩阵，将标准化的自然语言词序列描述为列向量形式，采用一一对应的方式进行匹配，最终实现效果如图2-8[18]所示。

2.3.4　生成式人工智能典型案例分析

在数字化和智能化的浪潮中，生成式人工智能（AI）技术正在逐步渗透各个行业，特别是在智能建造领域，其影响力日益显著。通过强大的数据处理和模式识别能力，生成式AI技术能够为建筑行业带来革命性的变化。以下是两个在智能建造领域应用生成式

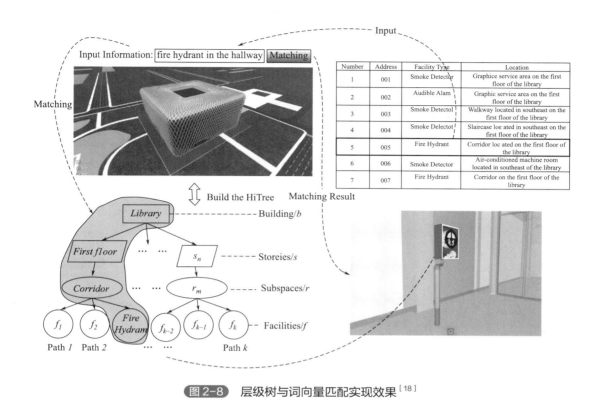

Input Information: fire hydrant in the hallway | Matching

Number	Address	Facility Type	Location
1	001	Smoke Detector	Graphice service area on the first floor of the library
2	002	Audible Alam	Graphic service area on the first floor of the library
3	003	Smoke Detectol	Walkway located in southeast on the first floor of the library
4	004	Smoke Delectot	Slaircase loe ated in southeast on the first floor of the library
5	005	Fire Hydrant	Corridor loc ated on the first floor of the library
6	006	Smoke Detector	Air-conditioned machine room located in southeast of the library
7	007	Fire Hydrant	Corridor on the first floor of the library

图 2-8　层级树与词向量匹配实现效果 [18]

人工智能技术的典型案例分析，这些案例不仅展示了 AI 技术在建筑领域的应用潜力，也为未来智能建造的发展提供了新的思路和方向。

1. **案例一：AIstructure-Copilot**

AIstructure-Copilot 是一款由合木智构开发的基于生成式人工智能技术的建筑结构设计工具，集成于 CAD 平台中，旨在提高建筑设计效率和准确性。

作为一款先进的人工智能结构设计工具，其工作原理和流程涉及从数据接收到结构设计的全过程。在数据集成与预处理阶段，它通过接收来自建筑设计 CAD 图像和结构设计 CAD 图像的关键数据来启动工作。这些数据包括建筑的几何参数、尺寸信息以及预期使用材料的性能等，为后续的结构设计提供必要的输入，如图 2-9 所示。用户在 CAD 平台将建筑设计图纸通过接口上传至软件中，随即分析上传的 CAD 图纸 AIstructure-Copilot 利用深度学习算法对收集的数据进行综合分析，旨在从海量数据中提取出建筑的结构要求和关键特征。通过这一阶段的分析，系统能够识别并理解建筑在结构上的特殊需求和挑战。随着初步结构设计方案的生成，AIstructure-Copilot 根据前一阶段分析的结果，运用一系列算法模型来生成初始的结构布局。这一步骤涵盖了包括承重结构布局、梁柱配置以及楼板厚度等在内的多个关键参数，为后续的优化提供了基础。此时，系统依靠先进的算法模型，对初步设计方案进行多方面的设计和优化，旨在提升结构性能和效率。系统进一步调整和优化这个初步方案，综合考虑使用功能、预期荷载与地质条件等多种因素。在优化过程中，系统运用多目标优化技术，确保设计方案在满足强度、刚度、稳定性等关键性能指标的同时，也符合经济性和可实施性的需求。完成这些优化后，AIstructure-Copilot 将完成的设计方案转化为详尽的结构设计CAD图像。这些图像展示了建筑的所有结构元素和参数细节，足以指导后续的施工图绘制和制造工作。同时，系统能够根据需要输出相关的技术文档和报告，以支持施工过程和管理需求。

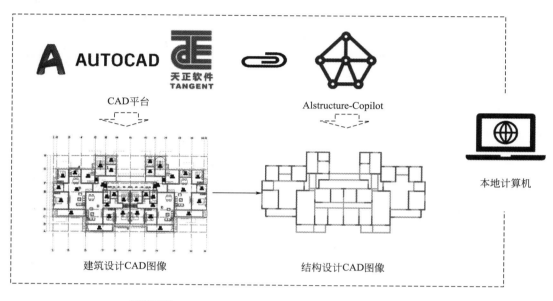

图2-9　AIstructure-Copilot 的协同建筑设计流程图

相较于传统的建筑结构设计工具，它展现出以下卓越的优势：

（1）时间效率和工作量减少：相比传统的手动设计，AIstructure-Copilot能在数秒至数分钟内完成结构方案设计，时间效率提高了十倍以上。这一自动化设计过程预计可以减少工程师超过50%的工作量。

（2）实时反馈和设计调整：AIstructure-Copilot为设计师提供了一个可以实时反馈和调整的动态设计环境。设计师可以通过一个直观的界面监控整个设计流程，并及时调整设计参数，实现创意与实际工程需求之间的最佳平衡。

（3）高速准确的计算能力：在处理如高层建筑或大跨度桥梁等复杂结构问题和大型项目方面，AIstructure-Copilot展现出优秀的能力。它能够考虑成千上万的计算变量和约束条件，通过高速迭代找到最优解，不仅缩短了设计周期，还提高了结构的安全性和经济性。

（4）持续学习和自我更新：AIstructure-Copilot具备持续学习和自我更新的能力，确保其在结构设计领域的技术领先地位。通过不断学习新的设计案例和结构数据，其设计和优化算法不断完善，使其在面对新类型建筑或未知设计挑战时，仍能表现出色。

该软件还配套了工程规范解读的功能，如图2-10所示，用户输入自然语言表达的语句，生成式AI可以通过识别词语含义，对自然语言的文本打上标签，进而把文本内容翻译成对应的语法树结构，可以转换成任意计算机语言的代码。不仅可以快速获取规范要求，提高工作效率，还将复杂的工程规范转化为结构化的数据，为后续的智能化结构设计提供数据基础。

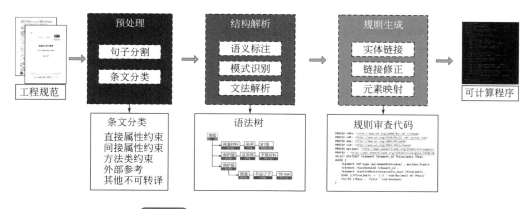

图 2-10 AIstructure-Copilot 工程规范解读

2. 案例二：Delve

Delve 是一款由 Sidewalk Labs 开发的基于云计算和机器学习技术的城市设计工具，旨在通过高度的技术集成和智能化设计，为城市规划和发展带来革命性变化。通过综合分析城市的复杂数据，利用机器学习和人工智能技术快速生成和优化城市规划方案。规划设计师在使用 Delve 开发设计一个混合用途的城市街区的过程中，如图 2-11 所示，首要步骤是明确优先策略，例如最小化建设成本、最大化便利设施的配置等，随后对这些因素进行综合排序。接下来，基于项目区域的总面积，对不同功能区如居民区、商业区、公共社区进行面积分配。Delve 的使用者仅需输入这些基本的数据信息，系统便能运用其内置的生成式 AI 引擎，在极短的时间内（通常不超过 5min）生成数百种潜在的规划方案，供规划者评估选择。Delve 还能依据匹配分数自动筛选出最贴近用户输入条件的设计方案，如图 2-12 所示。用户可以通过点击特定的设计方案，深入查看方案内的各项详细参数，

Priority Outcomes		Program Requirements			
Search and pick your priority outcomes		Function	Target	Units	
Construction Cost	Remove	Total Area	3,400,000	sq ft	Reset
Access to Transit	Remove	Residential Area	1,500,000	sq ft	Reset
Access to Parks	Remove	Commercial Area	1,000,000	sq ft	Reset
Energy Usage	Remove	Community Area	500,000	sq ft	Reset
Daylight Access	Remove	Retail Area	250,000	sq ft	Reset

图 2-11 Delve 的软件示意图

如日照时长、交通可达性、步行友好性和建筑成本等信息都将被清晰地展示，以助其做出更加精准的决策，如图2-13所示。

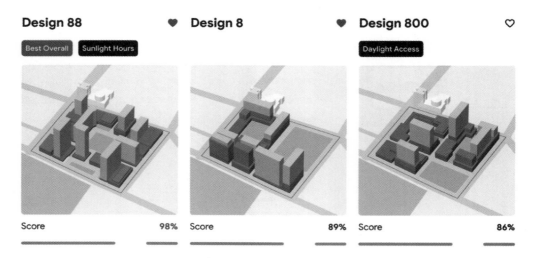

图 2-12　Delve 生成方案示意图

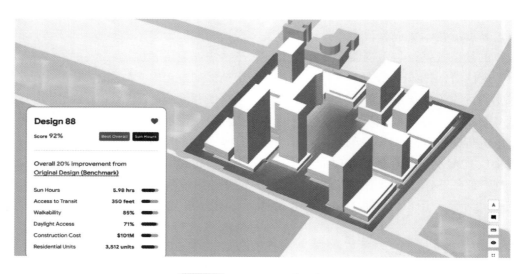

图 2-13　Delve 设计方案信息

相较于运用人力进行城市规划设计，Delve展现出显著的优势：

（1）高效的方案生成与评估：Delve利用其生成式AI引擎，能够在极短的时间内生成大量方案。这种快速迭代的能力极大地提高了设计效率，减少了传统手工设计所需的时间和劳动力，自动评估功能还能够依据匹配分数快速筛选出最符合特定需求的设计方案，使规划设计师可以更加专注于创意探索和优化，而不是耗时的数据计算和分析。

（2）高度的定制化和灵活性：用户可以通过简单地输入基本信息如成本、便利设施等，以及设定各种参数比如区域面积分配，Delve便能够根据这些信息生成和调整规划方案。这不仅使Delve能够适应各种项目需求，还能够实时反馈调整，确保设计方案始终符合最新的项目目标和限制条件。其强大的自定义能力使每个规划方案都能精确地对应到特定的设计要求和约束，增强了设计的适用性和实用性。

（3）深入的方案细节展示：Delve不仅是一个方案生成工具，它还能详细展示每个设计方案的多个方面。这些详细的参数展示使规划设计师能够全面理解和评估每个方案的实际效果及可行性。通过点击特定的设计方案，用户可以深入查看和比较不同方案的性能指标，使其决策过程更加数据驱动和客观。

3. 案例三：小库AI云

小库AI云软件是一款基于人工智能的建筑行业设计工具，旨在通过最新的AI技术改革传统的建筑设计、建造和管理流程。该软件利用先进的算法和机器学习模型，协助建筑师和工程师在设计阶段快速生成创新的设计方案，并在项目管理中提供高效的数据支持。

小库AI云的核心原理是利用人工智能技术生成不同设计风格的图像，从而实现从文本到图像、图像到图像、图像到视频等智能操作。用户首先需要选择设计体量场景或输入相关标签，以确保生成的模型在精细度、重点、风格等方面满足要求，如图2-14所示。随后，通过输入关键词或参考图像，系统会自动生成符合用户需求的模型，如图2-15、图2-16所示。

图2-14　小库AI云操作页面图

图2-15　小库 AI 云图生图示例 1

图2-16　小库 AI 云图生图示例 2

小库 AI 云还具备模型训练功能，允许用户定制化生成特定风格或复杂模型。用户可以向训练素材库中添加符合要求的图片，并选择合适的训练设置和模式。经过一段自动训练时间后，系统便能生成满足用户需求的设计图，如图2-17所示。

图2-17　小库 AI 云模型训练

小库 AI 云软件通过生成式 AI 内核的助力，在建筑行业设计工具中展现出优势，具体包括：

（1）强大的数据处理能力：小库AI云的软件支持模型训练功能，它允许用户通过自定义数据集来训练专门的人工智能模型。利用这一功能，用户可以不断精细化调整模型，使之更加符合用户特定的设计风格或应对复杂项目需求。这种定制化的训练过程不仅增强了模型对特定设计偏好的适应性，还能够针对特殊环境条件或限制因素进行优化，从而生成更符合用户期望的设计方案。随着模型通过持续训练不断地学习和进化，它能够以更高的精度和效率产生设计方案，显著提升了设计的精确度和个性化水平。

（2）用户友好的交互设计：小库AI云致力于提供直观且用户友好的交互体验，其核心设计理念在于使平台易于使用，无论用户的背景或专业水平如何。通过简洁明了的用户界面和个性化设计选项，小库AI云确保了即使是没有任何设计背景的用户也能轻松地生成符合个人需求的设计方案。这种低门槛的接入点，结合了国内自主研发的优势，使平台尤其贴合国内用户的操作习惯和设计偏好。

2.3.5　大语言模型典型案例分析

大语言模型在智能建造领域的应用日益广泛。凭借其强大的自然语言处理能力，这些模型能够帮助解决复杂的文本处理任务，推动建筑业的智能化发展。以下是两个在建筑领域应用大语言模型的典型案例分析。

1. 案例一：建筑材料选型智能问答

第一个案例探讨了大语言模型在智能问答中的应用。Saka[19]研究了ChatGPT在建筑行业中材料选择与优化方面的应用。文章介绍了一个原型系统，该系统利用ChatGPT与用户输入的查询进行互动，并通过与Autodesk Forge查看器的集成展示了3D模型。研究通过不同场景测试了ChatGPT在处理建筑领域问答时的反应能力。图2-18展示了模型导出API的使用情况。通过该API，系统能够从建筑信息模型（BIM）中提取元素属性，进而结合ChatGPT大语言模型知识进行智能回答。

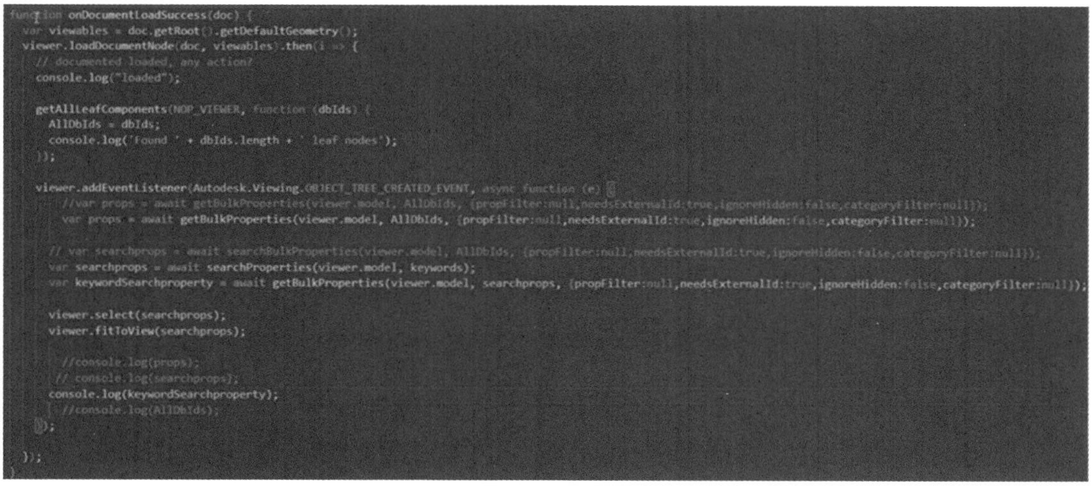

图 2-18　模型导出 API 示例[19]

　　该研究首先在零次示例场景（Zero-shot Prompting）下实验，在这个场景中，ChatGPT没有依赖系统预设的提示，只是根据用户的输入和BIM信息进行回答。测试结果显示，在这种情况下，ChatGPT无法提供具体的材料建议，而是给出了相对泛泛的建议，并提醒用户咨询专业人士。这表明，当没有适当的提示工程（Prompt Engineering）时，ChatGPT在材料选择和优化方面的表现仍然有限。

　　为了改进ChatGPT的回答质量，研究团队通过少量示例和系统提示词为模型提供了更多上下文信息。系统通过预设提示提高了ChatGPT回答的准确性。预设词语的设置如图2-19[19]所示。当用户询问"建议适用于厕所WC15的最佳门材料"时，ChatGPT能够根据门的位置和功能提出更加具体的建议，例如钢材和复合材料，这些材料考虑了湿度和耐用性，避免了木材在湿润环境中的问题，并对玻璃材料的隐私性提出了相关建议。

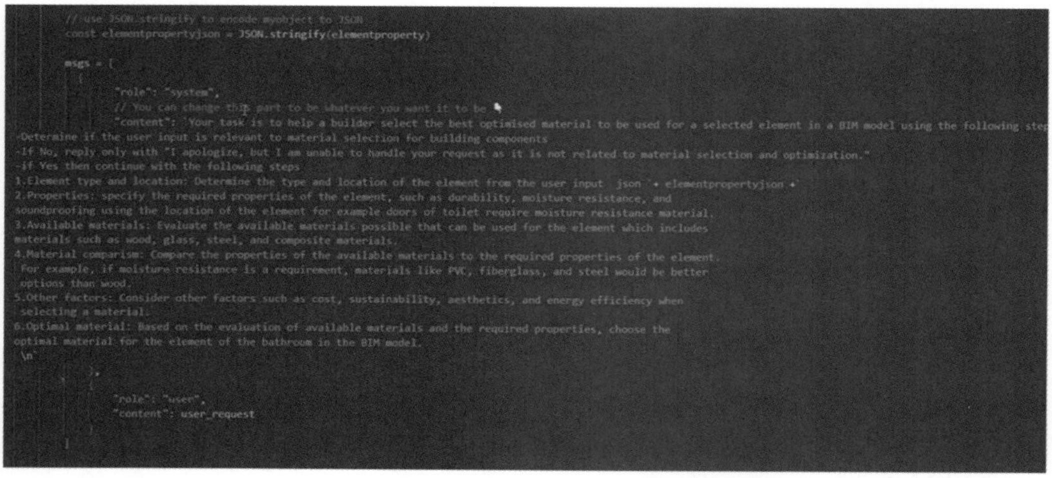

图2-19　系统预设提示词语[19]

　　此外，图2-20[19]展示了软件与ChatGPT的接口与集成。通过与Autodesk Forge查看器的集成，系统能够实现3D模型的可视化，使用户能够更直观地理解材料选择的效果。这种集成方式使ChatGPT能够根据BIM模型中的具体数据分析可能的材料选项，并给出更加切合实际的建议。

2. 案例二：大语言模型在3D场景理解中的应用

　　随着建筑行业的数字化转型，三维（3D）建模已成为建筑设计、施工和运维的重要工具。然而，处理复杂的3D场景时，人工理解和分析常常耗时且容易出错。近年来，大语言模型的发展为解决这一问题提供了更加自动、智能化的解决方案。

　　Huang等[20]提出一个Open-vocabulary Instance Segmentation（OVIS）框架，该框架可以基于语言描述对3D场景进行分割。通过这种方法，可以快速而准确地定位物体，广泛应用于室内设计、空间规划和设施管理等场景。如图2-21[20]所示，上方左图展示了一个图书馆或办公室区域，其中书架位于桌子上方。利用OVIS技术，可以轻松识别并标记书

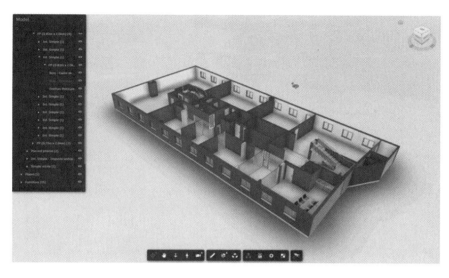

图 2-20　软件与 ChatGPT 的接口与集成[19]

架和桌子的位置，从而提高了物体定位的效率和准确性，减少了人工分析的工作量。将书架和桌子从整个 3D 场景中分割出来，能够帮助用户更清晰地理解场景的结构。这种分割不仅有助于精准操作和调整各个物体，还能在设计和管理过程中提供更高的灵活性和精确度。

图 2-21　OVIS 应用示例[20]

另一个例子如 Qi 等[21] 提出的 Gpt4point。一个利用 Gpt4point 进行应用的例子如图 2-22[21] 所示。在设计阶段，建筑师通常需要快速生成逼真的 3D 场景以供讨论和决策。Gpt4point 能够提供详细的 3D 对象描述，例如"这是一台便携式壁挂收音机，带有手柄和木制盒体设计"。这种自动化的描述生成不仅节省了设计师的时间，还提高了沟通效率。

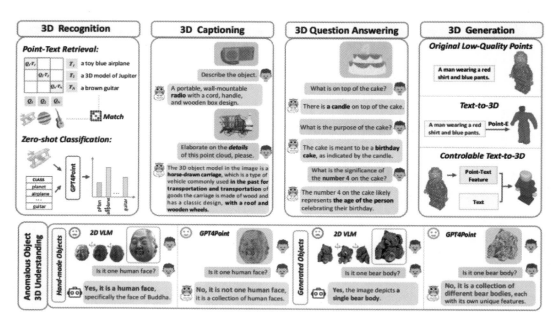

图 2-22　利用 Gpt4point 进行 3D 场景理解示例[21]

　　另外，在建筑设计初期，设计师可以利用大语言模型生成详细的 3D 场景描述和模型，这有助于在设计阶段进行更为准确的空间规划和布局。例如，通过生成"一个现代办公室，包含会议桌、椅子和高效的照明系统"的描述，可以帮助设计师和客户更好地理解与讨论设计方案。

　　在项目后期，大语言模型可以从文本描述中自动生成高质量的 3D 模型。例如，描述为"一个装饰豪华的会议室，配有长桌和舒适的椅子"可以转化为精确的 3D 会议室模型。这不仅加快了模型创建的速度，还能根据具体的设计需求进行精细控制，如调整家具的布局或材料的质感，从而满足建筑设计中的特定需求。

　　此外，当设计师和客户在讨论具体设计时，大语言模型能够理解 3D 场景和相关文本信息，并提供准确的回答。例如，对于问题"这个空间的墙面上有什么装饰？"大语言模型能够解析 3D 场景并回答如"墙面上挂着一幅艺术画作"，从而增强设计讨论的准确性和效率。这些功能在建筑业中极大地提升了设计过程的智能化和便捷性。

第3章　智能化施工方案生成

3.1　基本概念

在施工管理中，施工方案是指导分部分项工程施工的重要依据，其撰写工作是项目技术员的主要工作内容之一。一方面，现阶段施工方案涉及内容形式繁杂（包含文字信息、表格信息、图片信息、计算信息、图纸信息等）、逻辑关系复杂（不同类别信息、不同章节信息均可能存在关联），导致施工方案撰写工作易出现撰写错误、排版错误、引用错误、计算错误、绘制错误、审核困难等诸多问题，直接影响施工方案质量。另一方面，由于施工方案具有结构性、重复性、多维数据关联和技术术语密集的特点，使其在智能化应用上有很大的潜力和适应性，可创建基于人工智能的动态方案编撰流程，实现方案的快速复用和数据的自动更新与关联。然而，市面上的施工方案生成软件大多仅提供基础框架，仍需用户根据实际工程需求进行调整，特别是施工机械设备方案因其规范化流程更适合数字化和智能化处理，未来的工具开发应着重于提高信息整合能力，强化逻辑关系处理，优化用户交互体验，增强自动化生成功能，并实现数据的动态更新，以提升施工方案撰写的效率和准确性。

智能化施工方案生成是指利用先进的人工智能技术，自动化地创建和优化施工项目的详细计划与文档。这一过程主要依赖于三个关键要素：用户交互界面、高效的语义理解引擎和强大的数据管理平台。用户交互界面提供了一个直观的操作环境，使用户能够轻松输入项目需求和参数；语义理解引擎则深入分析和处理这些输入，确保生成的方案在逻辑上连贯且符合实际施工需求；数据管理平台则负责存储、管理和保护所有相关数据，确保信息的准确性和安全性。智能化施工方案生成通过这些要素的协同工作，实现了高效率、高准确性和高度定制化的方案生成。比如在某施工机械设备方案智能化生成系统应用中，仅需 3 ~ 5min，无须任何二次修改，可自动生成 8 种施工机械设备方案及技术交底书。

相比传统方式，智能化施工方案生成具有以下优势：

（1）质量保障：自动生成的方案无须编辑，内容与格式均满足施工方案的相关规定与要求，可直接用于方案审核、施工交底等后续工作，避免了编撰过程中易出现的撰写、计算、引用、排版等错误，显著提升了方案编撰质量。

（2）快速生成：仅需输入少量关键语义与数据信息，全程耗时 3 ~ 5min，便可自动同步生成两种文件格式（Word 与 PDF）方案，显著提升了方案编撰效率。

（3）智能校核：可自动提取关键语义信息，自动校核关键计算参数，并提供自审核界面，保证软件输入信息的准确性。

（4）便捷检索：可实现方案自动存档、模糊检索与分级检索，为项目技术员查询相关方案资料提供了便捷的检索工具，显著提升了方案检索效率。

3.2　主要技术方法

智能化施工方案生成通常包含交互扩展技术、语义相关性算法、关系型数据库管理系统三个主要技术方法。

3.2.1　交互扩展技术

智能化施工方案生成主要依托于先进的软件开发理念和框架，以实现高效、灵活且用户友好的方案生成过程。通过VUE技术的组件化架构和B/S架构的结合，智能化施工方案生成系统为用户界面开发提供了一个高效、响应迅速且易于维护的解决方案。这种架构不仅支持跨平台运行，还允许动态数据状态管理和丰富的用户交互，而HTML5技术的集成进一步增强了应用的多媒体和图形功能，提升了视觉吸引力和互动性。组件化和工程化的开发方法，以及前端独立运行的能力，优化了用户体验，并为应用的可扩展性和功能迭代提供了坚实的基础。这些技术的融合，不仅增强了界面的美观性和功能性，还确保用户享受到流畅、直观且迅速响应的操作体验，从而保障了应用的长期可持续发展。

3.2.2　语义相关性算法

在智能化施工方案生成领域，技术方法的核心在于利用先进的人工智能算法，特别是基于大模型的语义理解和处理技术，自动化和优化方案的生成过程。这种算法通过大模型海量参数和复杂结构，实现对施工方案中专业术语和复杂逻辑的深度分析与理解，极大地提升了标准规范自动引用的准确性和指标参数自动计算的可靠性。同时，大模型的持续学习和适应能力，使其能够从不断生成的施工方案中学习并优化，不断提高方案生成的质量和效率。在自然语言处理方面，大模型展现出的强大能力使施工方案的文字信息自动撰写成为可能，生成连贯、专业的文本内容。融入了大模型的施工方案生成算法，可实现方案扉页目录自动生成、文字信息自动撰写、文本格式自动排版、标准规范自动引用、指标参数自动计算。

具体而言，方案扉页目录的自动生成使用户能够轻松创建条理清晰的方案结构，提高方案文档的可读性和组织性；文字信息的自动撰写减轻了用户的工作负担，还提供了高质量的文本内容，确保了方案的信息准确性和完整性；文本格式的自动排版确保了方案文档的外观整洁一致；指标参数的自动计算有助于准确评估方案的性能和成本，为决策提供了重要的数据支持。

3.2.3　关系型数据库管理系统

除了利用先进的算法和人工智能技术来处理和分析数据，确保施工方案的准确性和专业性外，数据库技术的应用也是实现高效数据管理和快速方案生成的关键。智能化施工方案生成采用改进的PostgreSQL对象关系型数据库管理系统，利用其高可靠性、扩展性和强大的数据处理能力，构建了一个业内领先的施工机械设备数据库，该数据库集成了超过3万条关键信息记录，并通过优化的数据结构和索引策略，确保了数据存取的速度和效率。通过精心设计的访问接口和用户界面简化了数据管理的复杂性，并实施了严格的数据验证和审计机制来保障数据的质量与一致性。此外，软件采取硬件资源增加、数据库配置调整、索引优化、分区表使用、批量操作、数据压缩、缓存优化、并行处理、数据归档与清理，以及持续监控和日志分析等一系列性能优化策略，显著提升了数据库的性能和软件的稳定性，为施工方案的高效开发和企业的数字化转型提供了坚实的数据支撑。

3.3　应用实施要点

智能化施工方案生成应用实施的要点主要包括方案创建方法、方案参数输入、方案查看与导出等工作，其主要应用实施方法如下：

3.3.1　方案创建方法

1. 直接创建：用户可直接点击界面上的"创建方案"按钮，利用联级选择机制，选择专项类别和方案名称，迅速启动方案的创建过程，通过简化的操作引导用户快速进入方案制定阶段，如图3-1所示。

图3-1　直接创建

2. 模板选择：用户可通过浏览内置的模板库来寻找合适的方案模板。在模板库中，用户通过预览每个模板的布局和内容，快速评估其结构及适用场景。一旦用户选定了合适的模板，即可直接进入方案编辑模式，对模板进行必要的个性化调整和内容填充，如图3-2所示。此过程旨在简化方案的创建流程，确保方案的专业性和个性化，体现了用户对方案细节的精确把控。

图 3-2　模板选择

3.3.2　方案参数输入

在方案制定过程中，用户有多种方式输入所需参数以满足个性化需求：

1. 手动输入：适用于需要精确控制每个变量的场景，用户可通过键盘直接输入所需参数，以实现高度定制化的方案，如图3-3所示。

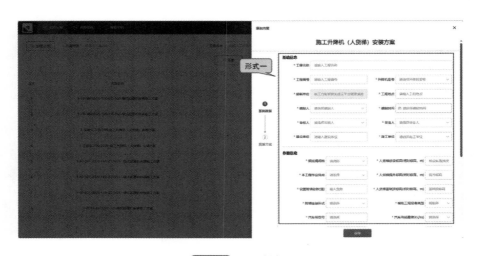

图 3-3　手动输入

2. 历史复用：适用于需要重复使用相同数据的场景，用户可从固定格式的历史记录中选择之前填写的内容，以节省时间并确保信息的一致性，如图3-4所示。

图 3-4 历史复用

3. 表格刷新：适用于处理大量结构化数据的场景，用户可通过表格刷新形式一键填充参数，以提高数据组织和审核的直观性与效率，如图3-5所示。

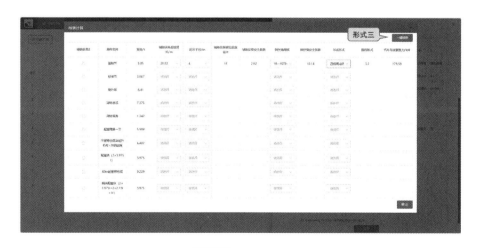

图 3-5 表格刷新

综合运用上述三种输入方式，可构建一个灵活且高效的参数输入系统，满足不同用户在不同场景下的需求，并实现方案的个性化定制。

3.3.3 方案查看与导出

方案查看与导出环节为用户提供了生成技术交底书、下载方案文档以及修改方案内容等操作（图3-6），构建了一个全面且高效的方案管理流程，旨在提高施工方案的可操作性和实用性，确保方案能够在施工过程中发挥关键作用。

1. 生成技术交底书：系统将自动生成施工方案的技术交底书，为施工团队提供详尽的技术说明，确保施工过程中的技术要求得到准确执行。

2. 下载施工方案：用户可选择将施工方案导出为Word或PDF格式，以满足不同场景下的查看和打印需求。

3. 编辑施工方案：若用户需要对施工方案进行调整或更新，可通过点击"编辑"按钮直接进入编辑模式。在此模式下，用户可对方案内容进行必要的修改和完善，以适应项目的最新需求。

4. 删除施工方案：用户可点击"删除"按钮移除无用的施工方案，以维护方案库的整洁和有序。

图3-6　方案查看与导出

3.4　典型案例分析

3.4.1　上海大歌剧院项目施工升降机安装方案

1. 工程概况

本工程位于上海市浦东新区世博后滩西片区C02-01地块内，世博大道以东、规划路以南、博城路以西、国展路以北。项目用地面积53023m²，总建筑面积146338m²，地上建筑面积75204m²，地下建筑面积71134m²。其中本项目地上由三个歌剧厅（大、中歌剧厅和情境歌剧厅）以及剧院配套用房、教育展示用房组成。效果图如图3-7所示。

2. 施工升降机概况

本工程选用的施工升降机型号是江汉SC100H，位于北区小歌剧厅南侧，2-13轴、

2-H轴线附近。升降机基础设于该处-9.3m底板上，为了确保稳定性，货梯与结构共设三道附墙件。升降机基础顶标高为-9m，搭设高度19.752m，其提升高度为13.044m。在架设过程中，辅助工程设备选用QY25K-Ⅰ型号汽车式起重机，设备停位地面标高为-1.7m。考虑到本工程的作业特点，施工将在硬化路面上进行，这将为施工升降机的安装提供坚实的基础。施工升降机安装示意图如图3-8所示。

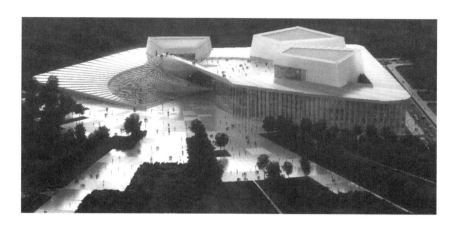

图3-7 上海大歌剧院效果图

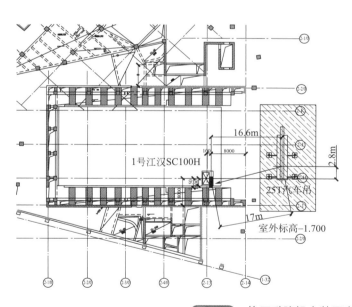

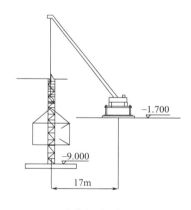

安装立面示意图

说明：25T汽车式起重机自重29.4t，主臂长度24.04m，货用施工升降机最重单件重量梯笼1.4t，汽车式起重机支腿下铺不小于1.5m×1.5m钢板，钢板厚度不小于10mm。

图3-8 施工升降机安装示意图

3. 应用效果

施工升降机安拆方案涉及大量的计算项和文本内容，传统人工编制时，编制人员需要反复查阅升降机型号说明书，复制、粘贴施工工艺和注意事项，手动提取施工升降机参数进行钢丝绳受力等计算，整个过程通常耗时 1 ～ 2h，效率极低。同时，不同编制人员的风格和习惯差异性容易导致排版混乱、逻辑混乱、计算错误、绘制错误等诸多问题，严重影响了施工方案质量。

相比之下，智能化施工方案生成平台系统通过输入35项关键参数，仅需 1 ～ 2min 即可快速生成30余页的 Word 和 PDF 双版本施工方案，展现了出色的效率和实用性，避免了人工操作的种种弊端。同时，平台采用统一的施工升降机安拆格式和排版，有效避免了格式和打字错误，确保了施工升降机方案的专业性和准确性。如图3-9所示。

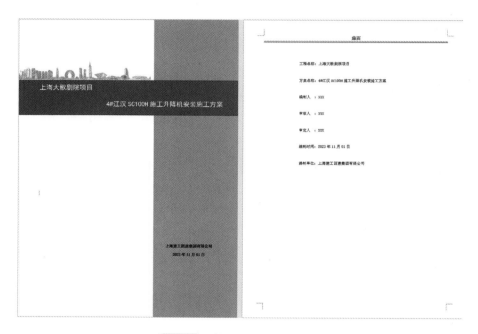

图3-9 施工升降机安装方案

4. 应用实施亮点

（1）依据工程参数自动生成施工升降机安装方案关键文本

平台通过结构化的步骤整合工程参数，按照编写顺序，将施工升降机安装方案划分为五个结构化步骤，分别是基本信息（涵盖工程名称、编制单位、编制时间等）、升降机参数（涵盖升降机型号、钢丝绳规格、工程特点、辅助工程设备类型等）、附墙配置（涵盖附墙组合、附墙长度等）、技术交底书（涵盖外部特殊情况、施工时间限制等）、救援方案（涵盖救援组织机构、事故处理程序等）。经过这一结构化流程，平台快速且精准地生成包括工程概况、编制依据、施工计划、施工工艺、施工安全保障措施以及施工作业人员配备和分工等在内的全面且详细的施工升降机安装方案文本内容，确保了方案内容的全面性。

（2）定制化附墙设计

平台的定制化附墙设计流程通过内置的匹配系统，根据施工升降机型号自动推荐合适的附墙型号，用户根据实际场景需求组合附墙形式，结合附墙型号特性、建筑物具体高度与施工升降机的安装位置，灵活调整附墙架的长度。附墙配置完毕后，平台将自动拼接附墙说明文档，详细说明附墙架的型号、尺寸、安装步骤以及安全操作规程，确保附墙设计既满足个性化需求，又符合国家的安全标准和规范。如图3-10所示。

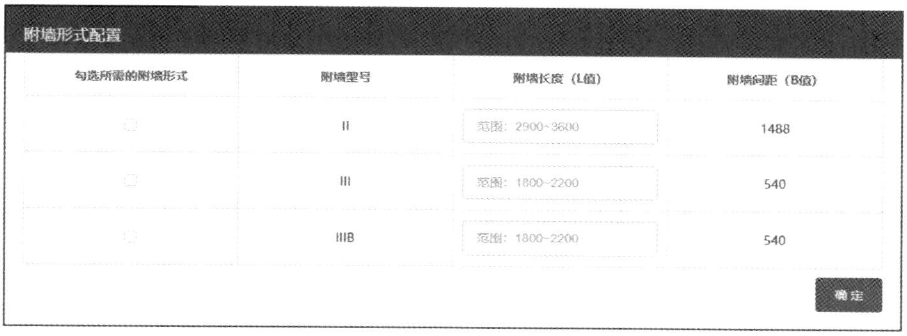

图 3-10　附墙设计

（3）构建完备的施工升降机数据库，自动校核工况计算项

平台构建了完备的施工升降机相关数据库，包括施工升降机型号31种，附墙数据42条，汽车式起重机性能数据7600余条，根据选定的施工升降机型号和辅助工程设备型号，从数据库中快速提取相关数据，进行吊装钢丝绳强度计算、汽车式起重机支腿受力计算以及吊装安全系数计算，并及时附上清晰直观的相关性能图表。如图3-11所示。

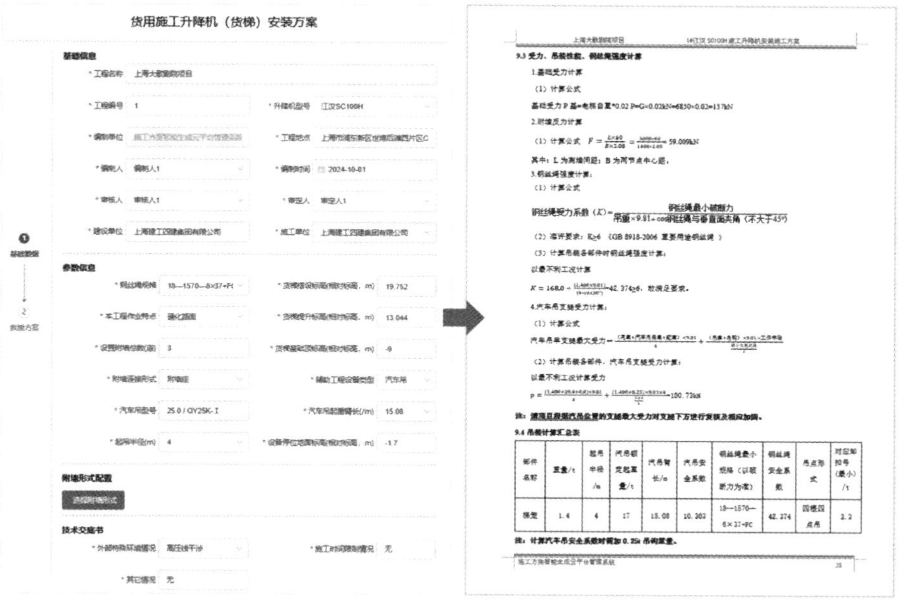

图 3-11　施工升降机安装方案编制样例

3.4.2 白龙港污水处理厂扩建三期工程项目塔式起重机安装方案

1. 工程概况

本工程施工区域位于上海市浦东新区白龙港污水处理厂厂区内，施工场地北侧为现状厂房，距离施工范围约15m；东侧为长江，距离施工范围约100m，西侧及南侧均为污水处理厂现状运行构筑物。本项目拟处理、处置白龙港污水处理厂现状污泥填埋场内80万吨（含水率约80%）污泥，新建规模为70万立方米/日的污水处理设施，新建规模为112吨干基/日的污泥干化焚烧设施及相关配套设施。效果图如图3-12所示。

图3-12 白龙港污水处理厂扩建三期工程效果图

2. 塔式起重机概况

本工程编号为6号的塔式起重机型号为STT153A-10t，塔式起重机基础为混凝土灌注桩，桩混凝土强度等级为水下C30，配筋为16Φ18，位置设置在构筑物外侧。塔式起重机的起重臂长度达到60m，配备了5块配重，总重量为18.5t（4×3.9t+2.9t=18.5t）。塔式起重机的独立高度，即吊钩高度相对承台为60.6m，包括1+17节标准节。塔机基础面的标高相对于±0.000标高为3m。在架设过程中，汽车式起重机需要架设1+3节塔身节数，使起重臂下沿相对±0.000标高达到25m。辅助工程设备选用QY50K-Ⅰ型号和XCT80L5（18.3t配重）汽车式起重机，其停位标高为3.3m。本工程的作业特点是在自然地坪上进行施工。塔式起重机停位图如图3-13所示。

3. 应用效果

塔式起重机安拆方案涉及大量的计算项和文本内容，传统人工编制时，编制人员需要反复查阅塔机型号说明书，复制、粘贴安拆步骤和注意事项，手动提取塔机参数进行吊装等计算，整个过程通常耗时2～3h，效率极低。同时，不同编制人员的风格和习惯差异性易导致排版混乱、逻辑混乱、计算错误、绘制错误等诸多问题，严重影响了施工方案质量。

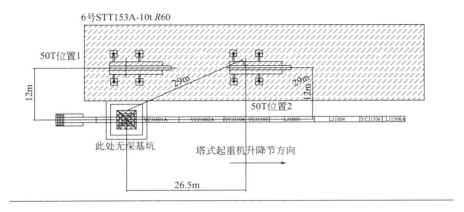

场地清理标志

50T汽车式起重机自重40.4t，起重臂臂长29.68m，支腿下铺不小于9m²垫板供汽车式起重机站立，使支腿受力均匀分布，支腿最大受力按备选80T汽车式起重机计算为407.08kN，由项目体负责对停放位置及施工道路的地耐力进行复核。

图3-13　STT153A-10 塔式起重机停位图

相比之下，智能化施工方案生成平台系统通过输入50余项关键参数，仅需3～4min即可快速生成60余页的Word和PDF双版本施工方案，展现了出色的效率和实用性。平台通过自动整合塔机型号说明书中的安拆步骤和注意事项，智能提取参数进行精确计算，避免了人工操作的种种弊端。同时，平台采用统一的塔式起重机安装格式和排版，有效避免了格式和打字错误，确保了方案的专业性和准确性。如图3-14所示。

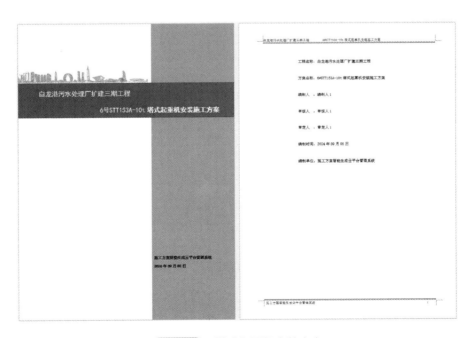

图3-14　塔式起重机安装方案

4. 应用实施亮点

（1）依据工程参数自动生成塔式起重机安装方案关键文本

平台通过结构化的步骤整合工程参数，按照编写顺序，将塔式起重机安装方案划分为五个结构化步骤，分别是基本信息、塔机参数（涵盖塔机型号、工程特点、辅助工程设备类型等）、吊装计算、技术交底书、救援方案。经过这一结构化流程，平台快速且精准地生成包括工程概况、编制依据、施工计划、施工工艺、施工安全保障措施，以及施工作业人员配备和分工等在内的全面且详细的塔式起重机安装方案文本内容，确保了方案内容的全面性。

（2）构建完备的塔式起重机数据库，自动校核工况计算项

平台构建了完备的塔式起重机相关数据库，包括塔式起重机数据25000余条，辅助设备数据7600余条，根据选定的塔式起重机型号和辅助工程设备型号，能从数据库中快速提取相关数据，进行吊装钢丝绳强度计算、汽车式起重机支腿受力计算以及吊装安全系数计算，并及时附上清晰直观的塔式起重机相关性能图表。如图3-15所示。

（3）支持多种汽车式起重机辅助安装

方案编制过程中充分考虑了多种辅助工程设备辅助安装工况，支持使用单台汽车式起重机、汽车式起重机和塔式起重机、两台汽车式起重机、一台汽车式起重机和备选汽车式起重机四种辅助设备类型组合，分别计算部件的吊装安全系数和支腿受力。

图 3-15 塔式起重机安装方案编制样例

第4章　智能机器人施工作业

4.1　基本概念

　　智能机器人施工作为一种极具创新性的施工方式，以其精准的操作和高效的作业流程等显著特点，给施工领域带来前所未有的巨大变革。一方面，智能机器人施工显著提高了施工效率和质量，降低了风险与人力成本；另一方面，它有效解决了建筑工人短缺以及安全事故频发等问题。本节将探讨智能机器人施工的基本概念、主要技术方法、应用实施要点以及典型案例分析，全方位展示这一前沿施工模式的独特魅力与广阔前景。

4.1.1　智能机器人施工的基本概念

　　智能机器人施工是指在工程施工过程中，运用具有智能化特征的机器人来完成各种任务的新型施工方式。应用智能机器人施工作业的初衷是由智能施工机器人来代替现场作业人员的业务实施，把人从工程建造中繁琐、高危、劳累的工作中解脱出来，实现工程建造的降本赋能、提质增效。

　　智能机器人并非一般的机械设备，而是拥有高度自主性、敏锐感知能力以及精准决策能力的先进装置。智能机器人施工也绝非仅简单地以机器人替代部分人工操作，而是一种融合了先进技术与创新理念的全新施工模式，其核心要点在于将智能化技术与建筑施工过程紧密结合。在施工前期规划阶段，智能化技术可以利用大数据分析和模拟仿真，对施工场地进行全面评估，优化施工方案，提前预测可能出现的问题并制定相应的解决方案。在施工过程中，智能机器人凭借高度的自主性、感知能力和决策能力，能够高效地完成各种复杂的施工任务。例如，搭载激光雷达和摄像头的机器人可以精确地进行测量和定位，确保施工的准确性；具备力传感器的机器人可以根据实际受力情况调整施工力度，保证施工质量。同时，智能化的监控系统可以实时监测施工进度和质量，及时发现并解决问题，提高施工效率和安全性。

　　智能机器人施工涵盖了建筑施工的多个环节（图4-1）。比如在材料搬运方面，智能机器人可以高效地完成各种建筑材料的搬运任务，大大减轻了人工劳动强度。它们可以准确地识别材料的种类和位置，自动规划搬运路径，并通过机械臂等装置将材料搬运到指定地点。在构件安装环节，智能机器人能够以极高的精度完成构件的定位和安装，确保建筑结构的稳定性和安全性。此外，在混凝土浇筑、墙面喷涂等施工过程中，智能机器人也能够发挥重要作用。

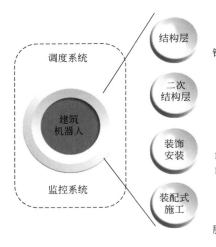

调度系统

建筑机器人

监控系统

结构层

二次结构层

装饰安装

装配式施工

土方施工机器人
混凝土施工机器人
钢筋加工和定位机器人
墙板施工机器人
砌砖抹灰机器人
立面安装机器人
内墙施工机器人
地面施工机器人
外墙施工机器人
PC/钢结构施工机器人
PC/钢结构安装机器人
智慧测量机器人
智能联网及监控
智能仓储及物流
服务维修和检查机器人
拆除和回收机器人

智能随动布料机
地面抹平机器人
地面整平机器人
钢筋加工机器人
装配式造楼机
螺杆洞封堵机器人
混凝土顶板打磨机器人
抹灰机器人
铝模搬运清洁机器人
隔墙施工机器人
墙纸铺贴机器人
砌砖机器人
墙砖铺贴机器人
地砖铺贴机器人
墙地砖填缝机器人
场地清洁机器人
建筑开荒保洁机器人
建筑安防机器人

PC制造机器人
装配式辅助安装机器人
外墙板安装机器人
室内喷漆机器人
腻子涂覆机器人
腻子打磨机器人
地板安装机器人
地坪漆涂覆机器人
地坪打磨机器人
外墙打磨机器人
外墙喷涂机器人
流质体预拌机器人
构件安装划线机器人
机电安装打孔机器人
智能仓储与物流系统
智能施工升降梯
外墙清洗机器人
建筑物流机器人

图 4-1 智能机器人施工涉及建筑施工多个环节

4.1.2 智能机器人施工的主要特点

智能机器人施工具有诸多显著特点，这些特点使其在建筑施工领域具有广阔的应用前景。

1. 自主性

在智能机器人施工中，机器人的自主性表现得尤为突出。它们能够根据预设的程序和算法，自主地进行施工任务的规划和执行。例如，在内墙喷涂过程中，智能机器人可以根据设计图纸和现场实际情况，自动计算出最佳的喷涂路径（图4-2），并精确地执行喷涂操作。这种自主性不仅提高了施工效率，还减小了人为错误的发生概率。

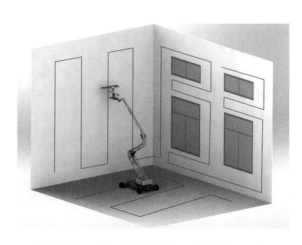

图 4-2 内墙喷涂机器人自动规划施工路径

2. 精准性

在建筑施工领域，精度的重要意义不言而喻。无论是安装、打磨、钻孔，抑或是喷涂作业，皆需极高的精度作为支撑，以此保障建筑的质量与安全性。智能机器人在施工过程中展现出精准性这一突出特点。其依托先进的传感器与精密的控制系统，能够实时监测并调整施工动作，进而实现亚毫米级甚至更高精度的施工操作（图4-3）。例如，砌砖机器人可将每一块砖精确地置于预设位置与角度，将误差控制在极小范围之内，以毫米级精度确保墙面的平整度与垂直度；构件安装机器人在面对复杂钢梁或细小连接件时，均能精准对位，严丝合缝地完成安装工作。

此外，相较于人工，智能施工机器人不受疲劳、情绪等因素干扰，能够持续稳定地维持高精度施工状态，为建筑质量提供了坚实可靠的保障。

图4-3 机器人感知与精准定位

3. 高效性

智能机器人施工具有多方面的高效特质。

工作时长方面，智能机器人可实现近乎不间断地连续作业，能够持续完成大量重复性的施工任务，不受传统人工的作息时间限制，仅需定期维护保养，最大限度地利用时间。相比人工受限于工作时长、疲劳等因素的影响，其效率相对较高。

施工操作方面，以物料搬运为例，智能机器人速度快且力量大，能够高效地转运大量建筑材料，减少物料运输时间，加快施工进度。再如在复杂装配中，随着智能机器人技术进步，可实现多机器人协同作业，同时处理多个部件的安装，且安装精度高，缩短了装配所需的总体时间。

应变能力方面，面对施工现场的突发情况，如设计变更、障碍物出现等，智能机器人能够迅速根据新情况重新规划施工路径和操作流程，避免施工停滞。智能机器人强大的数据处理能力使其能快速分析施工信息，实时优化施工顺序，避免不必要的工序延误，提高整体施工效率。

智能机器人施工的高效性不仅加速了建筑项目的整体进度，还能在保证质量的前提下，降低成本和资源的浪费，为建筑行业的发展带来全新的活力与机遇。

4. 安全性

在建筑施工中，安全问题一直是人们关注的焦点，常见的安全事故类型包括高处坠落、触电、物体打击、机械伤害以及起重伤害等。智能机器人施工通过将人与危险源及有害物质隔离、减少人为不当操作等方式能大幅减少安全事故的发生。2019年全国房屋市政工程生产安全事故类型情况见图4-4[22]。

隔离危险源。部分施工环境蕴含着极高的危险性，例如高空作业环境，施工人员处于高处，稍有不慎便可能从高处坠落，造成不可挽回的生命损失；狭窄空间作业时，空间的局限性会给人员的行动和操作带来困难，同时增加了被困、窒息等风险；带电作业更是直接对施工人员的生命安全构成严重威胁，电流的危险性不言而喻。而智能机器人的出现为这些危险情境提供了新的解决方案，它们能够替代人工执行这些危险操作，不会受到高空坠落、空间限制以及电流伤害等威胁，从而有效地降低了工人所面临的安全风险，为建筑施工安全筑起一道新的防护墙。

隔离有害物质。在建筑施工中，还存在一些涉及粉尘、毒害物质的作业场景，比如打磨作业和喷涂作业（图4-5）。在这些场景中，工人长期暴露在粉尘和有毒有害物质中，极易患上各种职业病。而智能机器人的引入有效地改变了这一现状。智能机器人可以在这些恶劣的环境中代替工人进行操作，完全避免了工人与有害物质的直接接触。这样一来，不仅降低了职业病的发病概率，甚至可以在理想情况下杜绝如重体力劳动导致的劳损以及有害物质引发的各类职业病，为施工人员的身体健康提供了有力的保障。

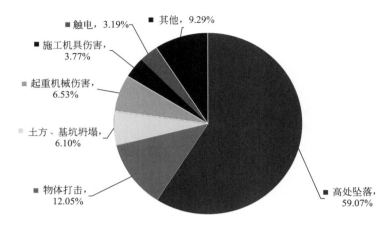

图 4-4　2019 年全国房屋市政工程生产安全事故类型情况[22]

图 4-5　高架桥喷涂作业

减少人为不当操作。智能机器人凭借其精确控制的特性，在施工过程中能够显著减少事故的发生概率。施工过程中的精度控制至关重要，而人工操作可能会因为疲劳、注意力不集中或者技能水平的差异而出现失误，这些失误往往是施工事故的"导火索"。智能机器人则不同，它们严格按照预设程序和高精度的传感器反馈进行操作，每一个动作都能保持高度的准确性和稳定性，最大限度地避免因操作不当而引发的事故。

5. 适应性

智能机器人还具有很强的适应性。建筑施工环境复杂多变，不同的项目可能面临不同的地形、结构造型以及施工要求等，此外，施工过程中，被施工对象也产生变化，如钢构件焊接、墙面喷涂作业等，随着施工的进行，被施工对象外观、结构均发生变化。智能机器人能够根据这些变化，及时调整自己的施工策略和参数，以适应不同的施工条件。例如，外墙喷涂机器人装有叶片风机和深度相机，利用空气动力学来适应大风天气的影响，利用深度相机识别门窗洞口，并结合机械臂进行避让，即智能机器人可以自动调整施工方式和进度，确保施工的安全和质量。

综上所述，智能机器人施工作为一种创新的施工方式，具有自主性、精准性、高效性、安全性和适应性强等诸多特点。这些特点使其在建筑施工领域具有广阔的应用前景，有望为建筑行业的发展带来新的机遇和挑战。

4.2　主要技术方法

智能机器人施工融合了机械工程技术、控制工程技术、人工智能技术以及与建筑工艺、建筑材料和建筑结构的融合应用技术，为建筑施工带来更高的效率、精度和安全性。以下将详细论述智能机器人施工的主要技术方法。

4.2.1　机械工程技术在智能机器人施工中的应用

机械工程技术是智能机器人施工的基础，为其提供了最基本的硬件支持。常见的智能施工机器人机械结构包括底盘结构、机械臂结构、传动系统以及末端执行器等。

1. 底盘结构

智能施工机器人底盘结构主要包括轮式底盘、履带式底盘和足式底盘。

（1）轮式底盘（图4-6）

两轮差速底盘：由两个驱动轮和若干辅助轮（如万向轮）组成。通过控制两个驱动轮的速度差实现转向，结构简单，成本低，在室内施工小型机器人等领域应用广泛。

四驱底盘：有四个驱动轮，可以提供更好的动力和稳定性。在一些需要较大牵引力和复杂能力的机器人中使用，比如一些室外地面条件较差的施工机器人。

麦克纳姆轮底盘：由多个特殊设计的麦克纳姆轮组成，它可以实现全向移动，包括横向平移、斜向移动等复杂动作，在对机动性要求高的场合如自动化搬运、狭窄空间作业的机器人中比较常见。

（2）履带式底盘（图4-7[23, 24]）

履带式底盘通常是由履带、驱动轮、导向轮、支重轮、托带轮以及底盘架等部分组成。履带由高强度的橡胶或金属材料制成，上面带有花纹或凸起，以增加与地面的摩擦力。驱动轮位于底盘后部，为履带提供动力，通过电机、减速器等部件的配合，驱动机器人前进或后退。导向轮在前方引导履带的运动方向，防止跑偏。支重轮支撑机器人的

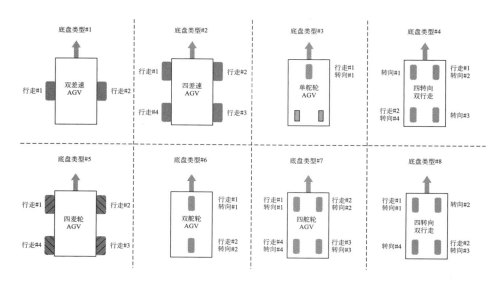

图 4-6 轮式底盘典型驱动和转向方式

重量并将其均匀分布在履带上，托带轮则托起履带防止下垂。底盘架连接和支撑各个部件，为机器人提供安装平台。

履带式底盘特点显著。首先，具有强大的地形适应能力。无论是崎岖不平的工地、泥泞的道路还是松软的沙地，履带式底盘都能轻松应对。它可以跨越障碍物和沟壑，适应不同高度的台阶和斜坡，为施工提供了极大的便利。其次，高负载能力是其另一大优势。能够承受较大的重量和负载，使智能施工机器人可以携带各种重型工具和设备，满足建筑施工的多样化需求。再次，稳定性和安全性高。低重心设计和大面积接触地面，使智能施工机器人在行驶和工作过程中更加稳定，不易倾覆。最后，配备的制动系统和防滑装置进一步提高了安全性。

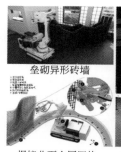

垒砌异形砖墙

焊接曲面金属网格 打印空间三维金属网格

图 4-7 一些典型的履带式施工机器人 [23, 24]

（3）足式底盘（图 4-8 [25]）

建筑工地的地形往往复杂多变，有高低不平的地面、堆积的建材、未完工的楼梯等。

足式底盘机器人可以轻松跨越这些障碍物，适应各种复杂地形。它的灵活脚步能够在崎岖的地面上保持稳定，不会像轮式或履带式机器人那样容易陷入松软的泥土或被障碍物卡住。例如，在建筑初期的场地平整阶段，足式底盘机器人可以在未清理的场地上自由行走，进行地形勘测和数据收集，为后续施工提供准确的地形信息。

足式底盘分为两足底盘、四足底盘和多足底盘（通常六足以上）。两足底盘是模仿人类双足行走的方式，在行走过程中需要复杂的算法来保持平衡。在仿人机器人领域有应用，但其设计和控制难度较大；四足底盘具有较好的稳定性和地形适应性，能跨越一定高度的障碍物，在复杂地形如障碍物多、楼梯等场景应用较多；多足结构底盘可以进一步提高机器人在复杂地形上行走的稳定性，且在部分足损坏的情况下仍能保持一定的移动能力，常用于一些特殊环境施工的机器人。

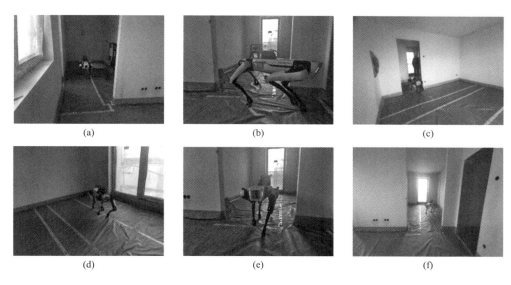

(a)　　　　　　　　　　　(b)　　　　　　　　　　　(c)

(d)　　　　　　　　　　　(e)　　　　　　　　　　　(f)

图4-8　四足机器人应用于建筑工地（a～f为建筑内不同房间场景）[25]

2. 机械臂

智能施工机器人采用的机械臂主要包括多自由度关节型机械臂、协作型机械臂以及特种机械臂。

其中多自由度关节型机械臂拥有多个自由度，能够灵活地在三维空间中运动，可到达各种复杂的位置进行作业，具有高精度的运动控制，能够准确地执行各种精细的建筑任务，如安装小型构配件、进行精确的焊接等，如图4-9[26, 27]所示。

此外，多自由度关节型机械臂负载能力相对较强，可以搬运一定重量的建筑材料和工具。

协作型机械臂强调与人类工人的安全协作。配备了多种传感器，能够实时感知周围环境和人类的动作，避免碰撞，确保工作安全。其操作简便，易于编程和调整，可以快速适应不同的建筑任务需求，如图4-10[28, 29]所示。通常体积较小、重量较轻，便于在建筑工地有限的空间内灵活移动和部署。

图 4-9　应用多自由度关节型机械臂的施工机器人[26, 27]

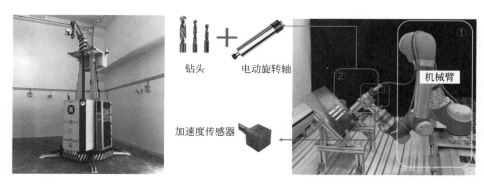

钻头　电动旋转轴

加速度传感器

机械臂

图 4-10　采用协作型机械臂的施工机器人[28, 29]

特种机械臂是为了适配具体施工场景和工艺要求专门设计的机械臂，如满足长距离混凝土布料作业的混凝土布料机器人，为满足破拆作业重载和冲击载荷采用液压驱动的重载机械臂等，如图4-11所示[30]。

图 4-11　采用特种机械臂的施工机器人[30]

3. 多功能末端执行器

智能施工机器人的末端执行器是其与施工对象直接接触的部分，需要具备多功能性和适应性。例如，设计出可以抓取、搬运、安装不同形状和尺寸建筑材料的末端执行器，如机械手、吸盘等。同时，末端执行器还可以配备各种工具，如钻头、切割器、焊接器等，实现不同的施工操作。如图4-12所示[30~35]。

(a) 板材安装执行器[31]

(b) 地面打磨执行器[32]

(c) 砌砖末端执行器[30]

(d) 焊接末端执行器[33]

(e) 铣削末端执行器[34]

(f) 钢筋绑扎执行器[35]

图4-12 采用特种机械臂的施工机器人[30~35]

4.2.2 控制工程技术在智能机器人施工中的应用

控制工程技术在智能机器人施工中的应用，主要体现在机器人运动控制、任务规划与调度、故障诊断与容错控制以及智能化控制。

1. 运动控制

智能施工机器人需要按照预定的轨迹进行作业，这包括移动底盘的运动轨迹和执行器末端的运动轨迹。智能施工机器人通过采用PID、MPC等控制算法，确保能够精确地沿预定轨迹动作。例如，在瓷砖铺贴机器人中，通过精确控制铺贴机械臂的运动轨迹，可以保证瓷砖间距、相邻高差等精度要求。同时，利用如编码器、相机、激光传感器等传感器，实时测量和反馈智能施工机器人的位置和姿态，对运动误差进行修正，进一步提高轨迹跟踪的精度。

此外，在施工过程中引入柔顺控制技术可以使智能施工机器人根据接触力的变化调整运动，避免智能施工机器人与建筑材料之间产生撞击和力矩过大造成建筑结构和智能施工机器人损坏。例如，在洁净板吊顶安装机器人（图4-13）进行洁净板对接时，采用

图 4-13　洁净板吊顶安装机器人

力传感器和位置传感器的融合控制，可以确保对接过程平稳、准确，降低碰撞和损坏的风险。

2. 任务规划与调度

采用控制工程技术可以对智能施工机器人的作业任务进行合理规划，通过对施工任务进行分解和排序，可以采用优化算法，如遗传算法、模拟退火算法等，确定智能施工机器人的最优工作顺序和路径。同时，应考虑施工过程中时间、资源、空间等约束条件，确保施工规划的可行性。例如，在空间受限、工期紧的施工任务中，存在多个机器人并行作业的情况，可采用分布式控制架构和通信技术，确保各机器人之间信息交换通畅，动作配合协调。并且充分考虑智能施工机器人之间的资源分配问题。

3. 故障诊断与容错控制

机器人在施工过程中可能会出现各种故障，如传感器失效、软件报错、电机故障、通信故障等。先进的控制工程技术可以对智能施工机器人的运行状态进行在线诊断。例如，通过比较智能施工机器人的实际输出与预测输出的差异判断其是否存在故障，在关键部位安装多个传感器，利用传感器冗余信息融合技术提高故障诊断的精度。

对智能施工机器人关键功能和位置需要酌情考虑容错控制，或者采取安全措施，避免事故的发生。例如，在电机故障时，通过切换到备用电机，使智能施工机器人能够继续完成当前的任务。

4. 智能化控制

自适应控制技术可以使智能施工机器人根据施工现场环境复杂多变的环境自动调整控制参数，以适应不同的工作条件。例如，混凝土整平机器人因混凝土堆积不均、钢筋变形等影响，出现整平板颠簸和摇摆，智能施工机器人设置激光伺服系统，可快速做出响应并对整平板姿态进行调整，以适应此类随机性工况。同时，采用在线参数估计和模型更新方法，实时调整控制器的参数，可进一步提高控制系统的适应性和鲁棒性。

此外，控制工程技术可以结合人工智能技术，使智能施工机器人具备智能决策和学习能力。例如，通过对大量施工数据的学习，智能施工机器人可以自动优化任务规划和控制策略；采用强化学习算法，让智能施工机器人在与环境的交互中不断学习和优化行为策略，实现自主决策和自适应控制。控制工程技术在瓷砖铺贴机器人中的应用如图4-14所示。

4.2.3　人工智能技术在智能机器人施工中的应用

人工智能技术在智能机器人施工中的应用探索热度居高不下，近年来该领域的研究和应用取得快速发展。

1. 计算机视觉技术

计算机视觉技术在智能机器人施工中的应用如目标识别与定位、施工质量检测、环

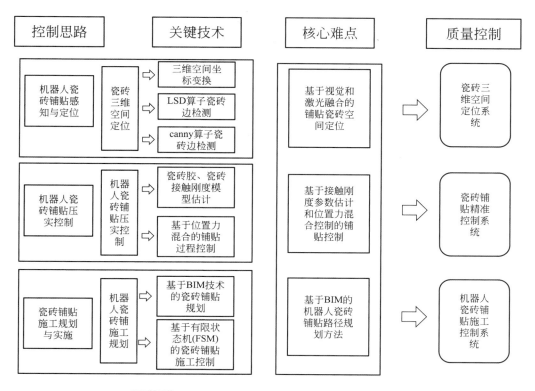

控制工程技术在瓷砖铺贴机器人中的应用

境感知与导航以及人机交互等，已具备成熟的应用条件。

目标识别与定位：利用计算机视觉技术，智能施工机器人可以准确识别各种建筑材料，如涂料、钢材、混凝土等。这有助于智能施工机器人在施工过程中自动选取和搬运所需材料，提高工作效率。计算机视觉技术还可以通过对建筑构件的图像进行分析，确定其在空间中的位置和姿态，实现构件定位。例如，采用立体视觉技术，通过图像匹配和三维重建，得出构件的三维坐标，还可以结合激光扫描等技术，提高定位的精度和可靠性。板材铺贴三维空间定位图像采集及有限视场角的板材测量如图4-15[36]所示。

施工质量检测：智能施工机器人可以利用图像处理算法提取建筑表面特征，如纹理、颜色、形状等，与正常表面的特征进行比较，以此判断开裂缝、空鼓、渗漏等施工质量缺陷，为机器人施工质量管控提供依据。如图4-16所示。

尺寸精度检测：计算机视觉技术可以通过对施工对象的图像进行测量，检测尺寸是否在允许的误差范围内。例如，利用相机标定技术，确定相机的内参和外参，然后通过对构件图像的分析计算出构件的实际尺寸。

环境感知与导航：计算机视觉技术可以采集和分析周围环境的图像，测量周围参照物和障碍物的位置关系，为机器人的运动规划提供依据，并结合各方的运动状态信息，预测障碍物的运动轨迹，及时采取避让措施。此外，计算机视觉技术还可识别地标、路径等信息，为机器人的导航提供参考。例如，施工机器人利用携带的摄像头和其他传感器，采用SLAM技术实时构建环境地图，并结合任务要求，确定机器人位置和规划机器人的运动路径。

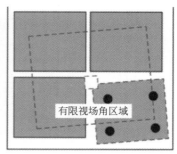

- ▨ 已摆放的瓷砖
- ▨ 待摆放的瓷砖
- ⌐⌐ 有限视场角区域
- ⌐⌐ 相机位置

有限视场角区域

图4-15　板材铺贴三维空间定位图像采集及有限视场角的板材测量[36]

图4-16　Lidar+ 全景相机扫描 + 算法后处理外墙建模

人机交互：计算机视觉技术可以通过对操作人员的动作和手势进行识别（图4-17[37]），理解其意图，实现人员与智能施工机器人的交互，以提升机器人操作的安全性和效率。此外，智能施工机器人可以通过对操作人员的表情进行识别，判断其情绪状态，如疲劳、焦虑等，提醒工人注意休息或发出预警。

2. 自然语言处理技术

通过理解人类语言，能够实现机器人与操作人员之间的自然语言交互。目前，自然语言处理技术在智能施工机器人中的应用仍处于探索阶段，预计可实现施工规划与指导、人机协作、设备维护与故障排除以及数据记录与分析等任务。例如，当操作人员下达"在这个区域砌一堵墙，要求高2m、厚0.1m、长5m"这样的指令时，机器人能够理解并

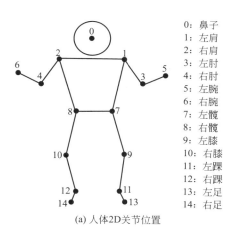

0: 鼻子
1: 左肩
2: 右肩
3: 左肘
4: 右肘
5: 左腕
6: 右腕
7: 左髋
8: 右髋
9: 左膝
10: 右膝
11: 左踝
12: 右踝
13: 左足
14: 右足

(a) 人体2D关节位置

(b) 人体关节识别效果

图4-17　人体姿态识别系统[37]

准确地完成任务。同时，若机器人接收到"每层砖错缝摆放，砖块间距10mm"等指令，它可以及时调整施工策略。再如，当操作人员发出"请勿靠近，离洞口距离大于1m"的指令时，机器人会理解其含义并做出相应操作。此外，当机器人感知到车辆等危险源靠近时，也会发出"车辆靠近，请注意"的提示，以提醒操作人员注意避让。

3. 强化学习技术

强化学习技术是智能施工机器人实现自主学习和智能决策的重要手段。通过让智能施工机器人在施工环境中进行自主探索和学习，可以实现对施工任务的最优决策和执行，例如在安装ALC墙板时，通过重力、扭矩和姿态等数据引导，智能施工机器人在不断尝试和反馈中学习到最佳的安装策略。再如，强化学习可以通过试错和奖励机制让智能施工机器人掌握一些复杂的操作技能，如钢结构连接螺栓拧紧、钢构件焊接等，并且强化学习使智能施工机器人能够根据环境的反馈调整自己的行为，更好地适应不确定性。

然而，将强化学习应用于智能机器人施工也面临一些挑战，比如训练所需的样本数量庞大，收集和处理数据较为耗时；建筑环境复杂，导致建模误差。此外，还需要确保智能施工机器人行为的安全性和可解释性。

4.2.4　机器人与建筑工艺、建筑材料、建筑结构融合应用技术

不同的建筑工艺、建筑材料以及建筑结构对机器人的要求不同，因此需要根据具体的建筑工艺、材料和结构进行智能施工机器人的设计。例如，在天花钻孔施工中，智能施工机器人需要具备精确定位能力和吸尘功能；在钢结构防火涂料喷涂作业中，喷涂机械臂需要具备高精度的定位和局部规划能力。融合建筑工艺、建筑材料、建筑结构所设计出的智能施工机器人，才能具备更好的实用性。

1. 适应建筑工艺的机器人设计

施工任务的针对性设计：不同的建筑工艺有特定的任务要求。例如，在砌砖工艺中，智能施工机器人需要能够准确地抓取、搬运砖块，并将其按照预定的排列方式放置。设

计时要确保智能施工机器人的机械结构和动作精度能够满足这些任务需求。比如采用灵活的多自由度砖块传递、翻转和摆放机构，配备适合砖块尺寸的夹具或负压吸盘，实现精确地抓取和放置动作，同时还要考虑砂浆的上墙和铺设。

适应施工现场环境的设计：建筑施工现场环境复杂多变，智能施工机器人设计要考虑适应不同的地形、空间限制和恶劣的工作条件。例如，在外墙施工场景存在爬架式、悬挂式、飞行式、爬壁式等多种形式的机器人，其都是为适应外墙作业场景而被研制出来的，但又各具特点，能满足外墙高空作业这一大场景下的细分需求。再如，对于狭窄空间的施工任务，可以开发小型化的机器人，确保其能够灵活移动；针对现场的灰尘、噪声、高温等因素对智能施工机器人的影响，采用防尘、降噪、耐高温的材料和防护措施，提高智能施工机器人的可靠性和耐用性。

人机协作模式设计：对于一些复杂的工艺场景中，智能施工机器人无法完全自主地完成施工任务，仍需要人工的参与和指导。设计智能施工机器人时要考虑人机协作的模式，确保人与智能施工机器人能够安全、高效地合作。例如，智能施工机器人具备遥控操作模式和自动操作模式，方便操作人员在需要时进行干预。

安全防护设计：智能施工机器人设计必须注重安全防护，充分考虑主动和被动安全设计。如安装紧急停止按钮、安全传感器等装置，当智能施工机器人出现异常情况或与人发生碰撞时，能够及时停止动作，避免事故的发生。同时，对智能施工机器人的运动范围进行限制，设置安全围栏或虚拟边界，防止智能施工机器人超出工作区域，当人员进入智能施工机器人工作区域时进行提示和报警。

2. 与建筑材料相结合的机器人应用

材料特性分析：在设计智能施工机器人之前，需要对相应的建筑材料特性进行深入分析，如黏度、强度、固化时间、密度以及工艺要求等，为智能施工机器人设计提供必要的依据。

机器人设计优化：智能施工机器人进行优化设计包括机械结构的设计、控制系统的优化、传感器的选择等方面。例如，对于煤矸石陶粒轻质混凝土浇筑作业，应采用压力适宜的泵送设备，避免高压压溃煤矸石陶粒骨料；对于环氧等易固化、难清洗的材料，应考虑施工时间与固化时间适配，以及施工结束的设备清洗。同时，智能施工机器人的设计还需要考虑与建筑材料的兼容性，避免材料对智能施工机器人造成腐蚀、磨损等不良影响。

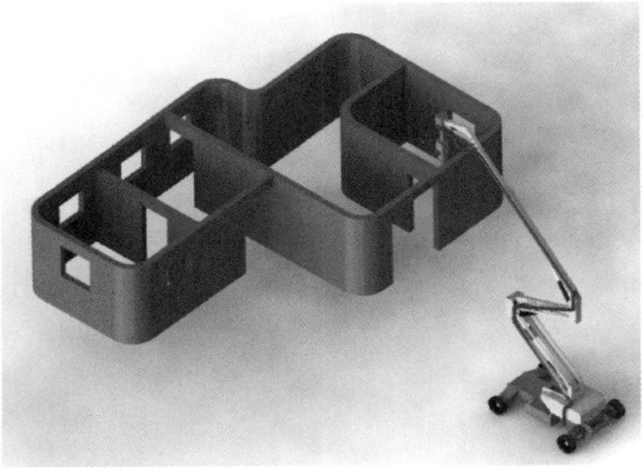

图4-18 可移动的建筑3D打印机器人

结合新型材料创新工艺：智能施工机器人还应与新型建筑材料适配探索创新施工工艺。例如，对于新型材料的3D打印施工，需要开发专门的打印设备，确保新材料打印的可实施性（图4-18）。当智能施工机器人难以对该材料进行施工时，可以考虑对材料进行改性，以达到智能施工机器人、材料和成本的契合点。

3. 与建筑结构相结合的机器人应用

智能施工机器人可以与建筑结构相结合，实现更加高效和安全的施工。例如，在高层建筑施工中，造楼机器人（图4-19a[38]）可以安装在建筑结构上，进行安装、浇筑等多种作业；在桥梁施工中，造桥机器人（图4-19[39]）可以在桥梁结构上行走，进行检测和维护作业。通过与建筑结构的结合，智能施工机器人可以充分利用建筑结构的稳定性和承载能力，提高施工的安全性和可靠性。

(a) 造楼机器人[38]

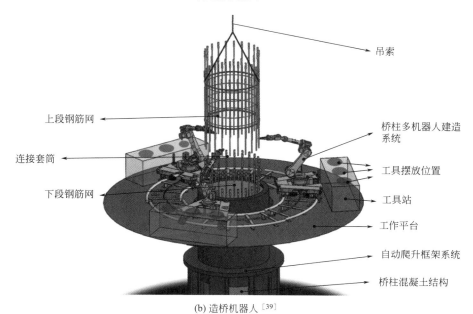

(b) 造桥机器人[39]

图4-19 施工机器人与建筑结构结合应用

综上所述，智能机器人施工的主要技术方法包括机械工程技术、控制工程技术、人工智能技术以及与建筑工艺、建筑材料和建筑结构的融合应用技术。这些技术方法的不断发展和创新，将为智能机器人施工带来更高的效率、精度和安全性，推动建筑行业的智能化和自动化发展。

4.3 应用实施要点

4.3.1 施工前准备

智能机器人施工前需要进行一系列的准备工作，即智能机器人施工的特点：做好技术准备、人员准备、场地准备、机器人准备、材料及辅助设备准备以及安全准备，以确保施工的顺利进行和高质量完成。

1. 技术准备

施工团队应仔细研究项目设计图纸，明确智能施工机器人的施工任务和技术要求。这包括确定智能施工机器人的工作范围、作业空间、工期和效率、精度要求以及施工顺序等。对于复杂的施工项目，可能需要结合BIM模型进行施工模拟，以便更好地规划智能施工机器人的任务分配、施工路径和动作，以及智能施工机器人与现场人员、建筑材料等之间的协同。

不同类型的智能施工机器人具有不同的功能和适用范围，施工前需要根据施工任务的特点和要求，选择适合的智能施工机器人类型。需提前考虑智能施工机器人的作业精度、作业速度、负载能力、运输与吊装、底盘通过性、整机尺寸等，确保其既能够满足施工要求，又能顺利进出场。同时，还需要考虑智能施工机器人的可靠性、使用便利性和维护成本等因素。

2. 人员准备

对智能施工机器人的操作人员进行专业培训，使其掌握具体工种的机器人的操作方法和安全规范。培训内容包括智能施工机器人的运输防护、安装调试、编程操作及故障检修等。通过理论学习和实际操作相结合的方式，提高操作人员的技能水平和应急处理能力，保证智能机器人施工的安全和质量。

对智能机器人施工的管理人员进行培训，使其了解智能施工机器人的特点和管理要求。培训内容包括施工计划与节拍制定、施工质量监督、施工安全管理，以及人、机、料的协同管理等方面。提高施工管理人员对智能机器人施工的管理水平和协调能力，确保智能机器人施工的顺利进行。同时，还需要加强对施工管理人员安全意识的培训，提高他们对智能机器人施工的安全风险认识和防范能力。

3. 场地准备

智能施工机器人进场施工前，需要对施工现场进行清理，确保施工场地平整、无杂物，避免因场地不平整或障碍物影响施工质量和智能施工机器人运行安全。对于一些存在狭窄空间或地面坑洞等情况的施工场地，需要进行专门的清理和准备工作，如搭设智能施工机器人临时通道。

同时，应提前合理布置智能机器人施工场地，包括设置智能施工机器人工作区、材料堆放区、人员操作区等。各个区域之间应布局合理，便于智能施工机器人的操作和材料的运输。对于需要多个智能施工机器人交叉或协同作业的施工项目，还需要考虑智能施工机器人之间的避让、协作空间和通信要求。

4. 机器人准备

在施工前，对智能施工机器人进行全面检查，包括机械结构、电气系统、传感器、通信系统等，确保设备处于良好的运行状态。检查智能施工机器人的主动和被动安全防护系统是否齐全有效，如防撞雷达、倾角传感器、限位开关、急停按钮、防护罩等。

对智能施工机器人进行参数调整及试运行，使其能够按照施工要求进行自动操作。参数调整需要结合施工图纸和技术要求，确定智能施工机器人的作业区域、运动轨迹、动作顺序、精度控制等，以适应实际施工环境，确保其能够正常运行并达到预期的施工效果。

5. 材料及辅助设备准备

根据施工图纸和智能机器人施工技术要求，采购所需的建筑材料，如混凝土、砌块、瓷砖、涂料等，确保材料的性能指标和质量符合要求。对于一些与智能机器人施工适配有特殊要求的建筑材料，可能需要提前进行试验和验证，确保其性能和质量符合智能机器人施工要求。对采购的建筑材料进行合理的存储和管理，建立数字化管理系统，对材料的出入库、使用情况进行记录和跟踪，通过科学手段为智能机器人施工的建筑材料供应提供精细管理。

同时，根据施工需要，配备一些辅助设备，如电动吊机、升降机、输送设备等，以便为智能施工机器人提供必要的支持和配合。这些辅助设备的安装需要符合安全规范和施工要求，确保其能够正常运行并且不影响智能施工机器人的正常作业。

6. 安全准备

智能机器人施工由于存在大量人机协同和交叉作业，为施工安全管理带来新的挑战，因此在施工前要做足安全准备。

首先，需要检查防护设施，确保智能施工机器人的防护装置，如防护罩、急停按钮等完好无损且正常工作。在施工前和施工过程中定期检查这些设施，防止因防护不到位而导致人员受伤或设备损坏。其次，对参与施工的人员进行智能机器人施工安全操作培训，让他们了解智能施工机器人的工作范围、潜在危险以及应急处理方法。在施工现场设置明显的警示标志，提醒人员注意智能施工机器人的运行。同时，制定应急预案，明确在智能施工机器人出现故障、失控或其他紧急情况时的应对措施。确保现场人员知道如何快速停止智能施工机器人运行，并及时通知相关人员进行处理。

总之，智能机器人施工前的准备工作非常重要，它直接关系到施工的顺利进行和质量效果。施工团队应认真做好技术准备、场地准备、材料准备和人员培训等工作，为智能机器人施工创造良好的条件。

4.3.2 施工应用管控

1. 精度控制

建筑施工存在重载、震动、粉尘以及大半径作业等特点，叠加智能施工机器人自身结构变形、制造误差等因素，易对智能施工机器人精度产生影响。因此智能施工机器人通常配有精度自动检测和校准功能，在施工过程中自动检测和校准动作、定位等精度。对于未配备自动检测和校准功能的智能施工机器人，需要操作人员在施工过程中对智能施工机器人的作业精度定期进行校准和调整，确保其精度符合施工要求。此外，也可以使用视觉系统、激光测量等技术手段对智能施工机器人的施工过程进行实时监测，当发现精度偏差时反馈给控制系统或发出报警，由系统自动或人工进行调整，以保证智能施工机器人在不同环境下都能保持稳定的精度。

2. 协作控制

如果有多个智能施工机器人同时施工，需考虑智能施工机器人的协作控制，确定各智能施工机器人的任务分工、动作顺序以及智能施工机器人之间的协作逻辑，确保智能施工机器人之间能够高效配合，避免相互干扰和碰撞。在人机协作的情况下，操作人员应清楚地知道人员和智能施工机器人的作业边界，了解智能施工机器人的工作特点和工作状态，严格按规范操作，并在需要时进行干预和配合。同时，智能施工机器人也应能主动感知人员的存在，与人员能进行交互，避免对人员造成伤害。

此外，智能施工机器人通常需要与其他施工设备，如喷涂机、混凝土泵等配合使用。在施工前要进行设备之间的兼容性测试，确保能够顺利协同工作。同时，要制定合理的施工流程，协调各设备的工作进度。

日本清水建设开发的新一代建造系统，依托人工智能及物联网技术，通过管理平台对现场的智能施工机器人进行统筹控制。每台智能施工机器人根据各指令自己寻找施工目标，并移动至指定位置自动施工，过程中与其他智能施工机器人交互信息进行避让和协作作业，同时记录作业结果及施工状况等数据。

3. 维护保养

使用中定期对智能施工机器人进行全面检查，包括软件系统、机械结构、传动系统、电气系统、传感器等，及时发现并处理潜在的故障和安全隐患，并对关键部位进行清理和润滑，延长智能施工机器人的使用寿命。对于环氧漆、水泥砂浆等易固化材料的智能施工机器人，需每天停机前进行清洗，避免材料固化损坏智能施工机器人，必要的时候需采用溶剂进行彻底清洗。

另外，需要储备必要的备件，如打磨头、喷嘴、钻头、密封圈等，以便在智能施工机器人出现易损件失效和故障时能够及时更换，最大限度地减少维修和更换易损件对施工进度的影响。

4. 数据管理

记录智能机器人施工过程中的各种数据，如施工进度、质量参数、材料消耗、智能施工机器人运行状态等。这些数据既支撑了当前项目管理，又为后续智能机器人施工分析和优化提供了依据。如图4-20所示为某项目腻子喷涂机器人应用数据记录，记录了智能施工机器人作业时间、作业效率、作业量、电池状态、涂料用量等数据，为项目的智能施工机器人调度、涂料供应、充电管理、人员配备提供了动态的数据支撑，也为后续类似项目优化管理提供了依据。

随着智能施工机器人功能的完善，智能施工机器人的施工质量、多机协作等数据也将被及时获取，可依据这些数据持续优化智能施工机器人的施工参数、协作方案等，以提高施工效率和质量。此外，智能施工机器人通过多种传感器获取的施工数据为隐蔽工程的追溯带来了便利。

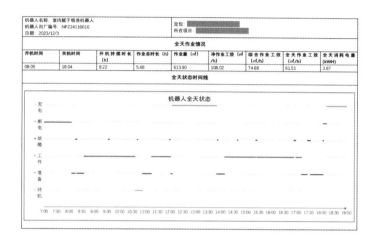

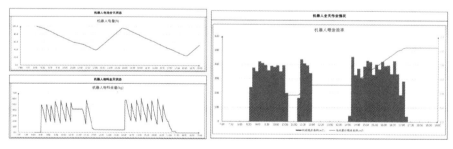

图 4-20　腻子喷涂机器人应用数据记录

4.3.3　施工后评估

机器人施工尚处于早期阶段，行业对该领域的经验相对较少，通过对智能施工机器人的施工效果进行评估，总结经验教训，可为后续的智能施工机器人功能迭代和施工应用管理提供参考。

1. 施工质量评估

（1）施工精度测量

对由智能施工机器人完成的混凝土结构、高精度砌块、墙板、抹灰等作业进行测量，包括墙面平整度、垂直度、方正性、阴阳角、天花水平度、地面水平度、天花平整度、地面平整度等。测量结果与设计要求进行对比，评估智能施工机器人在施工过程中对精度的控制能力。

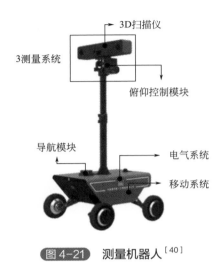

图4-21 测量机器人[40]

对于一些精度要求高、体量较大的项目，可以使用测量机器人（图4-21[40]）进行测量。测量机器人通过模拟人工测量规则，使用虚拟靠尺、角尺等完成实测实量，具备全自动测量、高精度成像、智能报表生成、多维度分析等功能，测量结果较人工更客观和准确。此外测量机器人获取的质量数据是数字化的，可与智能施工机器人数据互通，因此在施工过程中也可以应用测量机器人对智能施工机器人施工质量进行指引和实时管控。

（2）材料质量评估

智能机器人施工对建筑材料质量的敏感度高于人工，如混凝土的级配、坍落度等因素会显著影响抹灰机器人的施工质量。这主要是因为目前智能施工机器人在容错和适应性方面仍弱于人工施工。所以，智能机器人施工对建筑材料的质量和性能提出了较高的要求，有时甚至需要对材料进行改性优化以适配智能机器人施工，比如对用于智能施工机器人喷涂的腻子涂料进行改性和研磨，可有效解决喷涂堵枪、气泡等问题。另外，智能机器人施工对材料的运输和存放也有着更高的标准。

（3）外观质量评估

与人工施工一样，智能机器人施工也会出现外观质量，包括表色泽均匀度，有无裂缝、麻面、漏喷等缺陷。外观质量产生原因较多，如智能施工机器人故障、材料质量、操作不当等原因均可以引起外观质量问题。需要结合智能机器人施工记录数据、材料检测数据、智能施工机器人维保数据、人员操作记录等综合分析。

2. 效率和成本评估

对比智能机器人施工与传统施工方法在同类项目上单位面积的施工时间，计算智能施工机器人的施工效率提升比例，评估其在缩短工期方面的优势，并分析智能机器人施工过程中的各个环节，找出影响施工效率的因素，为进一步优化智能施工机器人的选用和管理提供依据。

评估智能施工机器人在施工过程中的人员配备、能源消耗、材料消耗等资源利用情况。与人工施工方法进行对比，分析其在节约资源方面的优势，并充分考虑智能施工机器人的维保成本、易损件消耗和使用折旧，综合评估其在长期使用中的成本效益。

3. 安全性能评估

智能施工机器人使用后的安全评估可以从以下几个方面进行：

机械结构安全性评估：检查智能施工机器人的各部件连接是否牢固，有无松动、变形或损坏，特别是关键部位如关节、传动机构等；评估智能施工机器人的运动范围是否有限制，是否存在与周围物体碰撞的风险。

电气系统安全性评估：检查智能施工机器人的电气线路是否整齐、规范，有无破损、短路等隐患；评估智能施工机器人的电源系统是否稳定可靠，智能施工机器人的控制系统是否安全有效。

操作安全性评估：评估智能施工机器人的操作界面是否友好、易于操作，操作按钮应布局合理，标识清晰；检查智能施工机器人的操作手册和安全规程是否完善。

环境适应性评估：检查智能施工机器人在施工现场的安装和固定是否牢固，防止因震动、倾斜等原因导致意外事故。

评估智能施工机器人对施工现场的噪声、粉尘等污染的耐受能力，是否具有相应的防护措施，以减少污染对其性能和寿命的影响；评估智能施工机器人在与其他施工设备协同工作时的安全性，确保智能施工机器人与其他设备之间的通信和协调良好，避免发生碰撞或干扰。

安全管理评估：建立健全智能施工机器人安全管理制度，制定安全操作规程和应急预案；对智能施工机器人进行定期维护和保养，确保其性能良好、安全可靠；加强对智能施工机器人使用过程的监督和管理，建立安全检查和考核机制。

4. 技术性能评估

智能施工机器人性能测试：对智能施工机器人的各项性能指标数据进行分析，如运动精度、爬坡越障能力、负载能力、结构变形、运动速度等，评估智能施工机器人在施工过程中的性能表现是否与说明书匹配，有哪些提升空间；检查智能施工机器人的控制系统、传感器系统等是否稳定可靠，确保智能施工机器人在施工过程中能够准确执行指令，避免出现故障。

软件系统评估：评估智能施工机器人的软件系统，包括软件的易用性、功能完整性、稳定性、路径规划能力以及故障诊断等功能。

5. 综合评估与建议

根据以上各个方面的评估结果，结合智能施工机器人在不同类型项目中的适用性，对智能施工机器人的施工效果进行综合评估。确定其优势和不足之处，并根据评估结果，提出针对智能施工机器人的改进建议和措施。例如，优化智能施工机器人的结构设计，优化操作的易用性，加强安全防护措施等，为智能施工机器人的进一步发展和应用提供参考。

4.4　典型案例分析

4.4.1　永定河大桥工程智能机器人喷涂施工

1. 工程概况

永定河特大桥全长 1.62km，双向八车道，其中东引桥 410m，西引桥 690m，主桥桥梁长度 520m，主拱跨度达 300m。建成后，将成为北京市单跨跨度最长的桥梁，也是国内首个空间异形拱肋飞燕式提篮钢箱拱桥。它是京雄高速公路的标志性工程，也是全线的重难点和控制性工程。桥梁横跨永定河水源保护区，融入两岸湿地景观公园，因此其涂装工程对喷涂工艺质量、污染控制要求非常高。本项目引桥底板、侧板及桥墩的环氧封闭底漆、环氧树脂漆、氟碳面漆施工采用了智能机器人喷涂施工。该机器人的引入不仅为本项目建造智能化、提质增效、降低安全风险等方面带来了明显提升，还减少了涂料污染的隐患，减少了对环境的负面影响，实现节材、节能、节水、节地和环境保护。

2. 应用准备

该项目使用的是曲臂式高空喷涂机器人进行喷涂施工，该机器人由底盘自主行走系统、16.8m长多自由度曲臂、多自由度末端执行机械臂、高精度角度感知系统以及边缘计算控制中心组成（图4-22、图4-23）。

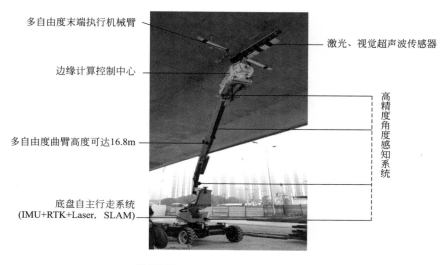

多自由度末端执行机械臂

激光、视觉超声波传感器

边缘计算控制中心

高精度角度感知系统

多自由度曲臂高度可达16.8m

底盘自主行走系统
(IMU+RTK+Laser，SLAM)

图4-22　曲臂式高空喷涂机器人

作业前，操作人员将该项目的轻量化BIM模型导入机器人控制系统中，在其内置计算机中快速重现工地现场三维模型。模型中包含的板、梁、柱等构筑物的几何信息可以满足机器人的坐标转换需求。通过加载模型数据及扫描周边空间，机器人可以实现自我定位，为移动路径的自主规划提供依据。同时，根据该项目智慧工地管理平台的通信协议，操作人员在机器人上加装定位终端，通过蓝牙Beacon定位，将机器人位置信息以LoRa无线方式发送至融合网关，达到机器人管理、轨迹回溯的目的。当待喷涂的作业面修补、打磨完毕，表面拉伸强度、表面粗糙度、表面清洁度、残留污染物、表面pH值、含水率等性能确认达标之后，机器人即可准备开展喷涂作业。

由于该机器人具有较强的越障能力，因此对施工道路的要求不高，完成初步硬化即可。在机器人施工过程中，虽然其具备场景三维模型信息，并能通过深度视觉相机和超声波传感器来感知障碍物，但工地环境较为复杂，因此操作手仍需要旁站，留意安全风险。

图 4-23 机器人装车运输与作业前检修

3. 应用内容

本喷涂项目采用RaaS（Robot as a Service，机器人即服务）业务模式，使用曲臂式高空喷涂机器人对桥梁混凝土结构大气区进行底漆、中漆、面漆的涂装服务。该业务模式降低了客户，即总包单位通过机器人实现自动化的门槛，使得客户不需要直接采购硬件，也不需要招聘和培训专门的机器人操作员。

在本项目中，机器人使用双组分环氧清漆、环氧树脂漆、氟碳面漆等多种类型涂料，如图4-24所示，作业于水平、竖直、V形等多种形态的墙体，根据项目设计文件及技术要求，以多种膜厚标准进行多遍喷涂，共完成喷涂面积16000m²。喷涂质量满足国家现行标准《混凝土桥梁结构表面涂层防腐技术条件》JT/T 695《色漆和清漆 拉开法附着力试验》GB/T 5210等标准。得益于多自由度的曲臂及末端系统，机器人能够以灵活的姿态平行于平、直、斜作业面，时刻保持以垂直角度进行喷涂，满足项目工艺要求。

施工过程中，仅需一名操作手即可完成机器人正常的操作、监管、保养（图4-25）。开展喷涂作业时，操作手首先在遥控平板上展示的三维模型中选择计划喷涂的板、柱、梁等区域，机器人内置计算机即根据所选择的算法进行作业区域分片，并在平板上展示分片结果。当操作手在平板上点击确认后，机器人即从当前定位移动到作业点位，转向

图 4-24 机器人夜间施工   **图 4-25** 一台机器人配一个操作手辅助作业

作业面，并在平板上提示已就位。之后，操作手只需点击遥控平板上的"一键喷涂"按钮，机器人即会自动将末端装置送至高空，调整位姿后展开自动喷涂。操作手可利用喷涂时间进行制备涂料、向机器人上料、检查机器人作业日志、观察周边安全隐患等工作。

针对特殊的喷涂要求，操作手还可以更换智能算法，修改作业参数，甚至手动操作机器人对局部复杂场景进行喷涂。对于某些更深层次的功能需求，操作手可在机器人公司售后人员的远程授权下，使用密码登录相关界面，修改相应动作顺序和控制参数，并在测试验证后在机器人上实施。

喷涂完工后，机器人上的物联网终端会记录机器人动作时长及移动轨迹，而机器人的内置计算机和操作平板上的软件日志则会记录喷涂时长及喷涂长度。

4. 应用效果

该机器人智能化程度高，三维建模、多面体切片拼接、自主导航、作业面空间定位、轨迹规划、漆面识别、避障急停等功能一应俱全；作业范围广、喷涂效率高，既能适应数千平方米的大面积高空喷涂，也能应用于几平方米的局部作业；机器人移动速度＞0.5m/s，越障高度＞12cm，操作简单，在工地上能够快速部署和施工，契合该项目工序紧张的实际情况；可选择电池供电或插电作业；喷涂动作规范，漆面饱满，膜厚稳定，涂料损耗少。该机器人与剪叉式登高车、臂式登高车等传统的移动高空作业平台相比更加灵活；与脚手架式高空作业平台相比，能显著降低措施费用。同时，该机器人使从业工人从高空作业转为地面作业，降低了人员的高空作业风险，还使人员远离喷枪，减少了涂料粉尘对人体健康的影响。

根据项目实践，该机器人每日的喷涂面积可达1800m^2，相当于采用2台登高车、4名工人的每日工作量。该机器人仅需1人操作，且劳动强度低，其单人的劳动量相比之前的4人高强度工作量减少了80%。该机器人代替2台登高车，使设备租赁费减少了20%。而机器人喷距稳定、喷角合理、喷幅重叠少的特点，使喷涂质量得到提升的同时，涂料消耗下降了15%。

4.4.2　浦东机场南区地下工程智能机器人混凝土施工养护

1. 工程概况

混凝土养护作为混凝土浇筑过程主要工序，是补充水分或降低失水速率，防止混凝土产生裂缝，确保混凝土各项力学性能指标的重要措施。目前混凝土养护工作大多是由人工作业完成，养护部位、养护时间、温湿度控制依赖于施工人员经验，容易产生因养护不到位而导致混凝土强度不足、混凝土裂缝等质量问题。针对上述问题，开发了混凝土结构养护施工机器人，并在浦东机场南区地下交通枢纽及配套工程、G1503工程等中得到应用。通过将机器人技术应用于混凝土养护，大幅提高了混凝土养护精准度，减少人力资源消耗，提高混凝土养护质量与智能化水平。

2. 工作原理

（1）适用范围

智能机器人混凝土施工养护适用于大体积混凝土底板、高强度（如C60及以上）混凝土等对养护时间有特殊要求及混凝土柱墙上部结构等养护条件受限，现有养护方式难以养护到位的混凝土结构洒水养护。

（2）智能化机器人养护施工特点

1）相对于现有人工养护耗时费力难题，创新研发了大体积混凝土机器人养护工艺，减少了人工消耗。

2）受养护条件影响，混凝土墙、柱等上部结构在脱模后难以保证后续养护措施，容易带来因养护时间不够、养护不到位而引起的强度不足、开裂等质量问题，机器人养护工艺可自动完成该部分区域混凝土的洒水养护作业，弥补传统养护工艺的不足。

3）相对于现有人工养护方式，养护时间、温湿度控制依赖于施工人员经验，本工艺在温度控制方面，通过智能洒水养护机器人与大体积混凝土测温系统进行数据对接，根据测温数据进行精准养护；在养护时间方面，在机器人中设定洒水养护时间，保证养护时间和频率，有效避免了养护频率不满足要求带来的混凝土强度不足、混凝土裂缝等质量问题。

4）相对于现有的人工控制施工机器人工艺，本项工艺采用SLAM（即时定位与地图构建）技术，通过激光雷达扫描，实时获取现场场景地图，结合最优路径规划算法，实现现场复杂环境自动定位与路径规划及自动避障。

5）提高了养护效率：相对于人工洒水养护，机器人可自动完成洒水养护作业，可不间断地进行连续养护，与传统洒水养护方式相比，可提高养护效率50%以上。

6）提高了养护质量：保证持续洒水养护措施，提升混凝土表观质量，大幅减少混凝土裂缝，较短时间内使混凝土强度达到设计要求。

7）降低了养护成本：减少了人工作业，单台智能养护机器人一天可完成约2000m²混凝土结构洒水养护，节约洒水养护普工2名。

8）节能环保：采用自动控制方式对特定需要养护的部位进行精准洒水养护，并结合养护需要控制洒水量，相对于人工洒水养护方式，可节约用水60%。

（3）工艺原理

为了实现智能养护机器人针对不同混凝土特性、不同结构部位、不同阶段采取针对性养护措施，在养护准备阶段，根据养护工艺建立基于机器人精准养护的混凝土BIM模型，结合混凝土特性和规范要求，将养护点位和温度数据输入模型，通过4D仿真方式模拟智能养护机器人运动轨迹，记录运动过程中关键控制点位和姿态参数，为现场机器人养护过程中路径规划和姿态控制提供依据。

本工艺采用智能养护机器人代替混凝土人工洒水养护作业，首先，通过BIM三维模拟确定智能养护机器人养护作业过程关键控制点位和姿态参数，为现场智能养护机器人养护过程中路径规划和姿态控制提供依据。其次，通过激光雷达扫描作业场地，建立动态养护场景地图，将智能养护机器人运动至需要养护的各个点位附近，调整臂展机构姿态，带动喷淋系统末端定位至需要养护的准确位置，同时逐个设置相应点位的持续洒水养护时间。最后，智能养护机器人根据设定的参数，对需要养护的各个点位进行养护。智能养护机器人采用智能路径规划算法，实现自动路径规划和动态避障，通过调整双轴机械臂姿态实现对上部结构的空间精准定位；通过无线网络获取大体积混凝土测温系统所得各点位温度数据，从而判断该点位是否满足洒水养护温度要求，在降低人工成本的同时，较好地满足了规范中对混凝土养护的要求，实现了大体积混凝土智能精准养护，提高了混凝土养护质量，取得了较好的养护效果。

3. 应用方法

（1）养护工艺模拟

1）按照混凝土结构图纸建立BIM模型，BIM模型应根据混凝土浇筑工艺进行拆分，至少包含混凝土材料、养护对象尺寸、养护工艺等信息。

2）根据大体积混凝土测温传感器布点建立测温点BIM模型，将各点位温度信息添加至BIM模型（图4-26、图4-27）。

图4-26　大体积混凝土底板测温点及编号

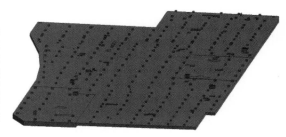

图4-27　大体积混凝土底板测温BIM模型

3）确定养护路径时，应按照确定的养护点位顺序设置智能养护机器人运动路径，考虑智能养护机器人设备的可通过性，对通道出入口、转角位置进行重点标记，预留一定的安全距离，运动路径应经过所有养护点，距离相对较短，智能养护机器人运动过程中，与出入口、转角侧墙最小距离不小于200mm（图4-28、图4-29）。

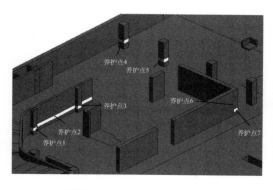

图4-28　养护点位BIM模型

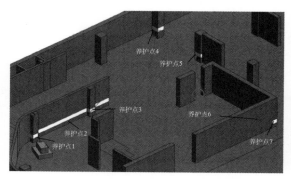

图4-29　智能养护机器人路径规划模拟

（2）现场部署

1）将待养护区域边界相对中间位置设置为混凝土智能养护机器人工作原点，在工作原点布设智能养护机器人充电桩，将充电桩通过3×4mm2BV导线就近接入16A配电箱开关出线端。

2）就近选择水源，通过水管将养护水引至养护原点附近接水口，混凝土养护所用水应符合现行行业标准《混凝土用水标准》JGJ 63的有关规定。接水口除了水龙头开关，还应增设手动控制阀门。

3）现场布设无线网关，通过该网关，智能养护机器人获取大体积混凝土测温系统测温数据。

4）清理待养护区域，将与养护作业无关的材料及设备设施移出，保证作业区域地面平整，距地面0～10cm高度区间无高度大于2cm障碍物，地面无宽度大于4cm的坎/缝，最大坡度不超过10°。

5）在现场划定待养护的混凝土区域，根据BIM模型中的养护点位进行编号，并在现场进行标记。

（3）现场建图与养护点设置

1）将智能养护机器人移动至养护原点与充电桩相连，将移动控制端通过无线网络接入智能养护机器人自带的建图模块Wi-Fi。

2）在移动端通过建图软件控制智能养护机器人扫描待养护区域，建立养护场景地图，对不需要智能养护机器人养护的区域，可在场景地图中建立虚拟墙体，使其只在特定区域运行，建图后，将场景地图同步至智能养护机器人设备端。

3）通过移动控制端装载的智能养护机器人控制软件设置养护点位，控制智能养护机器人移动至养护点位附近，调整机械臂姿态，使洒水养护末端定位至养护点位，保存智能养护机器人所在位置坐标及机械臂姿态，设置持续洒水时间，将对应的测温系统中传感器编号与养护点绑定，按此步骤逐个完成养护点设置（图4-30、图4-31）。

图4-30　设置养护点

图4-31　设置持续养护时间

4）养护点设置时，应选择失水较快、约束较大等容易干燥开裂，受限结构形式导致现有的人工洒水养护难以到位或具有特殊养护要求的部位进行重点养护。

① 大体积混凝土底板对温度控制具有特殊要求，可参照测温传感器布点位置设置养护点位，当对应位置温度达到要求时，方可进行洒水养护。

② 地下室基础底板与地下室底层墙柱、地下室结构与上部首层墙柱的混凝土，两部分结构施工间隔时间通常较长，基础底板或地下室结构会对与之相连的墙柱产生较大约束，从而极易产生结构竖向裂缝，这部分结构除了带模养护，模板拆除后，可采用智能养护机器人完成后续养护。

③ 超长薄壁结构（如隧道侧墙、大型地下室侧墙）表面较失水较快，中间区域、开洞处、转角处和墙板交接位置容易开裂，带模养护往往难以达到养护时间要求。在模板拆除后，可用智能养护机器人完成后续养护。

④ 特殊混凝土（如高强度混凝土）及对养护要求较高的混凝土结构也可采用智能养护机器人进行养护。

5）应根据温度、湿度、风速等环境条件设置持续洒水养护时间和洒水量。高温、干燥、大风环境下，适当增加持续养护时间，保证混凝土表面处于湿润状态即可，养护总时间不低于现行国家标准《混凝土结构工程施工规范》GB 50666中对混凝土养护时间的要求。

（4）机器人洒水养护

1）机器人在养护场景内根据既定的养护策略逐个对所设定的养护点进行养护。洒水养护过程中，应定时查看水箱中水量，及时补充养护水。

2）养护过程中，定时查看大体积混凝土测温数据，当早期大体积混凝土温度过高时，不宜直接用常温水进行洒水养护。

3）昼夜温差较大时，可以调节浇水量和频率，防止因温差过大而引起混凝土裂缝。

4）养护过程中，观察混凝土表面湿润情况，根据实际情况调整各点持续养护时间。

5）通过养护系统喷头可调整洒水雾化状态，早期混凝土强度较低，宜喷洒雾化水，适当增加洒水时间；中期则可适当增加流量，控制洒水持续时间，达到较好的养护效果。

6）对立柱、墙体等垂直面混凝土，可以在脱模后用毛毡、湿布、麻袋等包裹，在包裹物上进行洒水养护，有利于加强保湿保温效果。

4. 应用效果

以智能养护机器人在浦东机场南区地下交通枢纽及配套工程应用为例（图4-32），该工程位于浦东机场卫星厅南侧，将建设集多条轨道交通于一体的换乘中心，总建筑面积64万平方米，地下基础采用桩基+独立承台+筏板结构，底板主要厚度为1.4m、2m、2.5m，局部最大厚度4.8m，混凝土强度等级C40，耐久性要求为100年。

在该项目应用智能养护机器人进行洒水养护过程中，一定程度上代替了现有的人工洒水养护作业，实现了养护环境自动建模、最优路径规划和避障，有效克服施工技术难题，大幅提升混凝土养护质量，减少因养护措施不当带来的施工质量问题，取得了显著的应用效果和经济效益。通过采用智能养护机器人代替传统人工洒水养护，经初步估算，人工洒水养护按一个工人一天可养护1000m²，人工费300元/天计，则人工养护成本人工费约为0.3元/m²×天。每台机器人一天可养护2000m²，养护机器人每台成本计12万元，则200d可回收成本。若每台机器每年服役200d，以当前在建大量工程，投入使用100台计，则从第二年开始，每年可节约混凝土养护人工成本1200万元。同时，通过智能化方式调整水量和洒水时间，与传统洒水养护方式相比，节约用水达60%。

图4-32 浦东机场南区地下交通枢纽及配套工程

第5章　智能化施工表观质量检测

5.1　基本概念

5.1.1　基本定义

智能化施工表观质量检测是利用现有的智能检测设备对建筑物表观病害进行自动巡查和检索的技术。检测内容主要包含两个方面：一是检测表观纹理病害，如裂缝、渗水、麻面、空洞等；二是检测工程结构参数，如基坑梁架、电力杆塔倾斜度、高速路边坡形变等。智能化施工表观质量检测具有高效率、高精度、低成本、高自动化程度的特点，对于现代化工程建设发展来说具有重要的应用价值。

5.1.2　智能检测工作原理

传统检测及病害识别方法速度慢、效率低，容易被周围环境的因素所干扰，并且有很多细微的区域容易被忽略。智能化检测是使用计算机、相机或激光等传感器，通过人工智能算法对采集的数据进行分析处理来实现对相应场景的多维理解、检测、诊断。

智能化表观质量检测原理的核心原理在于运用深度学习、机器学习、图片识别等前沿的人工智能技术，实现对产品质量的自动化检测与评估。通过在施工现场布设传感器周期性采集施工环境的表观数据，建立表观病害的数据库，使用大规模数据训练得到大量具有代表性的特征信息，提高样本分类和检测精度。智能化质量检测方法是借用误差反向传播方法进行梯度计算，自动优化模型内部参数，拥有强大的自学习和自适应能力，能减少人工参与，提高工作效率，具有高效性、准确性和智能化的优点。

本章节主要介绍基于图像识别的表观质量检测方法和基于激光雷达的表观质量检测方法，通过阐述这两种方法的原理与技术路线，分析其应用实施要点，并结合典型案例进行应用方法分析。

5.2　主要技术方法

5.2.1　基于图像识别的表观质量检测方法

基于图像识别的表观质量检测方法主要依赖于计算机视觉和人工智能领域的图像识

别技术。利用相机、扫描仪等图像采集设备对目标产品进行拍摄或扫描，获取其表观图像，再对采集的图像进行图像预处理、特征提取、特征匹配与分类、模型训练与优化等操作，实现智能化与自动化的质量检测方法。通过大量的样本训练，可以准确识别出产品的表观缺陷和病害，该方法已广泛应用于各类工程结构质量检测、工业生产线的产品质量检测、建筑材料表观质量检测中。下面以路面工程质量检测为例，从图像预处理、高频信息图像和低频信息图像的获取及处理、基于DCE-Net模型的低频信息图像增强、基于MSVD的高频信息图像和低频信息图像去噪和融合等方面阐述基于图像识别的表观质量检测方法。

1. 图像预处理

对图像进行预处理可以增加图像细节的可视性，提高病害的直观性（图5-1）。伽马变换是常用的图像增强算法[41]。在图像处理中，可以对过曝或者过暗的图片加以修正，数学公式见式（5-1）。

$$s=cr^{\gamma} \tag{5-1}$$

其中，γ代表输入的灰度值，取值范围[0，1]。c是灰度缩放系数，主要用于整体调整图像的灰度，通常设为1。当图像整体显得较暗时，应选择$\gamma<1$以提升其亮度；而当图像整体较亮时，则选择$\gamma>1$可以降低亮度，增强对比度并突出细节。鉴于通过高精度激光点云数据生成的路面影像颜色偏暗，在对灰度图和深度图进行预处理时，分别将γ设置为0.8和0.4。

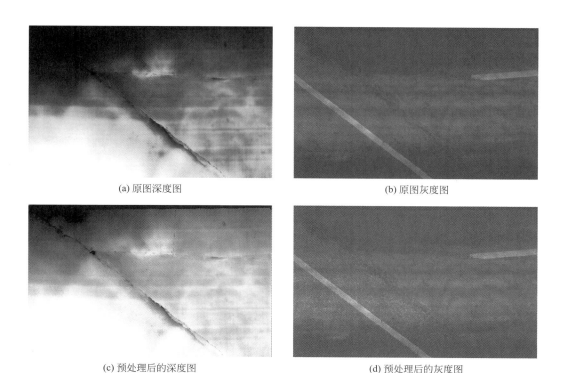

(a) 原图深度图　　　　　　　　　　　　　(b) 原图灰度图

(c) 预处理后的深度图　　　　　　　　　　(d) 预处理后的灰度图

图 5-1　图像预处理

2. 高频信息图像和低频信息图像的获取及处理

（1）图像获取

图像中具有高频信息和低频信息。不同频率信息在图像结构中有不同的作用。低频分量表示图像中亮度或灰度值变化较为平缓的区域，是整幅图像强度的整体度量。而高频分量则指代图像中变化剧烈的部分，包括边缘、轮廓、噪声以及细节。因此，基于图像的特性，对其进行了傅里叶变换，将其转换为频谱图，然后应用高通滤波对频谱图进行处理，以提取该图像的高频和低频信息图（图5-2）。接下来，分别对生成的高频信息图和低频信息图进行处理，从而优化细节信息并提升图像质量。

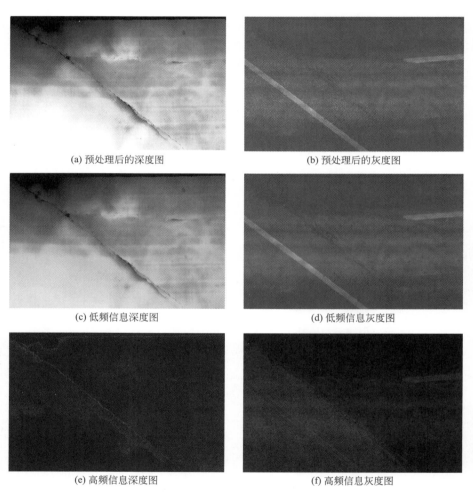

(a) 预处理后的深度图　　　　　　　　　　(b) 预处理后的灰度图

(c) 低频信息深度图　　　　　　　　　　　(d) 低频信息灰度图

(e) 高频信息深度图　　　　　　　　　　　(f) 高频信息灰度图

图5-2　低频图像和高频图像

（2）图像处理

三维激光点云生成的灰度图像是一个二维矩阵，不包含高度信息，而深度图则恰好能够弥补这一不足。深度图能够有效描绘目标物体表面的特征信息，并且对光照不均匀和阴影等噪声的敏感度较低。因此，对于深度图中存在少量噪声的情况，可以对其高频分量进行细节增强。为此，采用高频强调滤波的方法实现细节的提升（图5-3）。

高频强调滤波的传递函数如下：

$$H_{hfe}(u,v) = a + bH_{hp}(u,v) \qquad (5-2)$$

其中，$a > 0$，$b > 0$；$H_{hp}(u,v)$表示高通滤波器。

 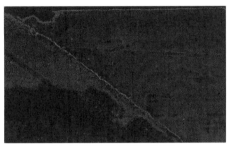

(a) 高频信息图   (b) 高通滤波后高频信息图像

图5-3 高通滤波后的高频图像

3. 基于DCE-Net模型的低频信息图像增强

零参考深度曲线估计（Zero-DCE）是一种轻量级的深度学习网络模型。该网络专注于弱光增强，提出的损失函数能够同时保持图像增强的范围和相邻像素之间的对比度。与传统方法相比，该网络接受微光图像作为输入，并生成高阶曲线作为输出，通过这些曲线实现对输入图像变化范围的像素级调整，从而得到增强后的图像。

首先，对预处理后的灰度图和深度图分别提取的低频图像进行加权融合，最终形成一张综合图像。这张图像既展示了深度图的特征，又反映了灰度图的特征。随后，将该图像作为DCE-Net的输入。

DCE-Net网络使用了五种损失函数，具体包括空间一致性损失、曝光控制损失、色彩恒常性损失、光照平滑损失和总损失。其中，色彩恒常性损失主要用于校正颜色偏差，以建立R（红）、G（绿）、B（蓝）三通道之间的关系，使增强后的颜色尽可能保持一致。

由于使用的是单通道的深度图和灰度图，因此去除了色彩恒常性损失函数。该网络模型的总损失函数的表达式为：

$$L_{total} = L_{spa} + L_{exp} + W_{tvA}L_{tvA} \qquad (5-3)$$

其中，W_{tvA}表示权重损失。

4. 基于MSVD的高频信息图像和低频信息图像去噪与融合

由于在采集路面病害图像时，光照不均和阴影会导致图像出现多种噪声和低质量问题，严重影响后续裂缝识别的准确性。因此，有必要对图像进行去噪处理。

奇异值分解（SVD）是一种在平方损失意义下对矩阵进行最优近似的方法，能够提取代表矩阵本质变化的元素。对于任意矩阵A，总能找到一组单位正交基，使经过变换后的向量组依然保持正交。SVD可以去除图像中的冗余信息，将信息集中在少数的奇异值上。多分辨率技术则是在不同频率上对图像进行处理。

多分辨率奇异值分解（MSVD）基于一维向量的多分辨率，扩展到二维图像，通过各层的融合实现最终图像的重建。与像素值加权平均法相比，MSVD的优势在于能够有效降维和去噪。多分辨率奇异值（MSVD）的分解过程如下：

（1）输入图像 $X \in R^{m \times n}$，分解成 2×2 个子块，分别处理每个子块的数据，转化成4个大小为 $\frac{m}{2} \times \frac{n}{2}$ 的行向量，再构成新的矩阵，记作为 A；

$$A = \begin{bmatrix} a_1 & a_2 & \cdots & a_{\frac{m \times n}{4}} \\ b_1 & b_2 & \cdots & b_{\frac{m \times n}{4}} \\ c_1 & c_2 & \cdots & c_{\frac{m \times n}{4}} \\ d_1 & d_2 & \cdots & d_{\frac{m \times n}{4}} \end{bmatrix} \qquad (5\text{-}4)$$

（2）分解矩阵 A（对于任意的矩阵 A，都可分解为一个酉矩阵 U，一个对角矩阵 Σ，另一个酉矩阵的转置 V^T），过程如下：

$$A_1 A_1^T = U \Sigma V^T V \Sigma U^T = U \Sigma^2 U^T \qquad (5\text{-}5)$$

$$(AA^T)u_i = \lambda_i u_i \qquad (5\text{-}6)$$

$$A_1^T A_1 = V \Sigma U^T U \Sigma V^T = V \Sigma^2 V^T \qquad (5\text{-}7)$$

$$(A^T A)v_i = \lambda_i v_i \qquad (5\text{-}8)$$

其中，U 是酉矩阵，则该矩阵的转置等于它的逆，记 $U^T = U^{-1}$；同理，$V^T = V^{-1}$。由式（5-6）可以求得矩阵 AA^T 的特征值及其对应的特征向量 u。矩阵 AA^T 的特征向量为矩阵 U。根据式（5-7），解得矩阵 V。

矩阵 Σ 的对角线上除了奇异值，其他位置都为0，将奇异值记为 σ_i。由式（5-9）、式（5-10）、式（5-11）、式（5-12），可以求得奇异值矩阵 Σ。

$$A = U \Sigma V^T \qquad (5\text{-}9)$$

$$AV = U \Sigma V^T V \qquad (5\text{-}10)$$

$$AV = U \Sigma \qquad (5\text{-}11)$$

$$Av_i = \sigma_i u_i \qquad (5\text{-}12)$$

矩阵 Σ 值所组成的对角矩阵，Σ 的形式如下：

$$\Sigma = \mathrm{diag}(\sigma_1, \sigma_2, \sigma_3, \sigma_4) \qquad (5\text{-}13)$$

其中，奇异值矩阵 Σ 中的值是按照从大到小排列的，即 $\sigma_1 > \sigma_2 > \sigma_3 > \sigma_4$。

（3）将最大的奇异值对应的行向量，将其分为4个子块，构成新的矩阵 B，然后按照步骤2进行 k 次迭代。

$$B = U^{\mathrm{T}} A \tag{5-14}$$

多分辨率奇异值（MSVD）的重构过程如下：

① 重构过程是分解的逆过程。将分解得到的4个大小为 $\frac{m}{2} \times \frac{n}{2}$ 的矩阵展开，使其还原成 $m \times n$ 大小的矩阵 A'；

② 保留分解时获得的矩阵 U^{T}，计算 $B' = UA'$；

③ 将 B' 还原成 2×2 个子块，将这些子块重新组合，得到一个 $m \times n$ 的重构矩阵。

5.2.2 基于激光雷达的表观质量检测方法

基于激光雷达的表观质量检测方法也是目前常用的一种智能化施工表观质量检测方法。不同于基于图像识别的检测方法，基于激光雷达的表观质量检测方法根据点云投影，获取平面正射灰度影像，再根据点云平面信息和点反射强度生成点云灰度图像，经过图像预处理获取对象深度图，根据采集器到检测对象各个点的距离信息作为裂缝和病害的判断依据。下面以道路裂缝、病害查找等方面的质量检测工作为例，从点云投影、图像灰度化、基于深度图的道路病害预分类等阐述基于激光雷达的表观质量检测方法，并解释其检测原理。

1. 点云投影

利用采集的高精度激光点云数据，按照道路路面标准进行点云投影。高分辨率路面三维测量系统随载体平台移动时获取的每一张图像覆盖横向3.8m、纵向8m的路面范围，由4000行原始激光线拼接而成，系统中3D视觉模块采集的每一线数据包含一个道路横断面的详细信息，以点云分布图中第一条激光线的中心位置作为起点，将所有激光线的中心点连接起来拟合成中心线，中心点的位置在预设的比例尺中是固定的，以中心线上中心点的位置作为参考点将每一帧激光线代表的路面横断面点云展开，得到路面的正射灰度影像。

2. 图像灰度化

灰度图是基于三维激光点云生成，同时灰度图的每个像素都包含平面坐标信息，因此点云数据和灰度图的数据完全基于同一平面坐标。利用移动测量车采集的高精度路面三维激光点云数据进行点云投影。沿道路的方向，基于三维激光点云平面坐标和点反射强度，每8m生成一幅点云灰度图像。首先，确定点云投影图像的尺寸取值范围为 m_{max}、m_{min}、n_{max}、n_{min}，长为 $w=m_{max}-m_{min}$、宽为 $h=n_{max}-n_{min}$，然后确定图像的格网尺寸 q，根据式（5-15）和式（5-16）进行计算，得到各个点投影之后相应的格网行列号（R，C）。

$$R = (\mathrm{int})\frac{m - m_{min}}{q} + 1 \tag{5-15}$$

$$C = (\mathrm{int})\frac{n - n_{min}}{q} + 1 \tag{5-16}$$

$$I_{(R,C)} = \frac{\sum_{i=1}^{k} I_i}{k} \tag{5-17}$$

开始

读取原始路面三维点云数据，插值转换绝对坐标

自定义中心线，平面投影至对应像素位置

将像素位置对应点强度值映射到图像范围

图像四邻域插值

均衡化处理

输出灰度图

结束

图 5-4 生成灰度图流程图

其次，根据式（5-17）计算出每个格网点的像素值，$I_{(R,C)}$ 表示投影之后位置的强度值，I_i 表示在投影之前第 i 个数据点的强度值，k 代表在（R，C）位置内数据点的总个数。

最后，需要将所求得的数据做归一化处理，生成道路病害对应的灰度图，生成灰度图流程图如图5-4所示，路面病害灰度图如图5-5所示，该图像可以清晰地反映沥青道路中的病害情况。

3. 基于深度图的道路病害预分类

在进行病害识别之前，首先需采用基于深度图的道路病害预分类方法，剔除没有病害的路面图像。尽管深度学习方法能够实现智能化的病害自动识别，但在实际检测中，每次作业所采集的道路数据量巨大。如果不提前剔除无病害数据，将增加计算机后续计算的负担和内存占用，浪费大量时间。此外，沥青道路的病害类型极其复杂，一张图像可能包含多种叠加病害，因此需要进行预处理。

路面深度图的像素值表示的是采集器到路面各个点的距离信息。根据三维激光扫描反算出传感器入瞳处到地面的垂直距离，可以得到基于三维激光点云的深度图像。这些路面病害深度图像像素点的像素值其实代表着垂直距离，然后把深度图中所有的像素值都归算到0～255的区间中[42]。图像上颜色越深，代表距离越长。根据交通运输行业遵守的养护设计规范发现，一般无损害的道路沿着前进方向应当平整，垂直前进方向则呈中间高、两边低的斜坡形。因此，在进一步的信息提取前，需要对深度图进行垂向的平整处理。与此同时，在数据收集过程中，由于传感器存在频率不稳定、光照不均匀等问题，甚至移动测量车在前进过程中往往存在明显的坡度差异，因此在进行沥青道路病害自动识别之前有必要进行沿向的平整处理[43]。

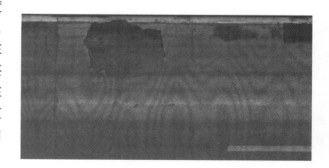

图 5-5 路面病害的灰度图

（1）图像线性均值修正

线性均值修正的目的是让原始图像呈现自然的深度变化，如图5-6所示。首先，解算均值 D_{aver}，取垂直于前进方向的每一列像素序列，可选出该列像素的最大值 D_{min} 和最小值 D_{max}，直线表达式见式（5-18）。

$$D_{pre} = \frac{D_{min} - D_{max}}{col_{num}} D_{col} + D_{max} \qquad (5-18)$$

预测深度在直线上，需要将原始深度归算到平均值附近，用实际深度减去预测深度和平均值的差值，见式（5-19）。

$$D_{res}=D_{col} - \left[\left(\frac{D_{min} - D_{max}}{col_{num}} x_{col} + D_{max} \right) - D_{aver} \right] \qquad （5-19）$$

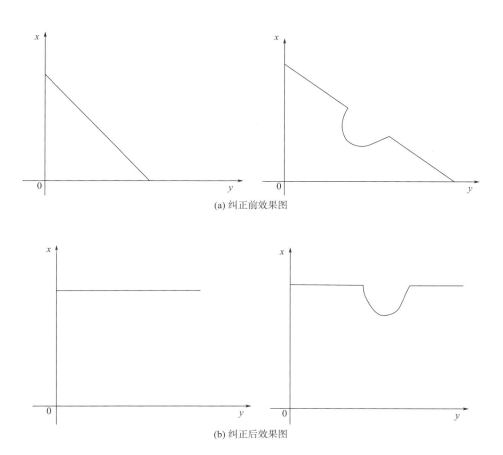

(a) 纠正前效果图

(b) 纠正后效果图

图 5-6　线性纠正

（2）道路病害预分类

经过上述线性修正，获取的路面病害深度图像的信息会更加准确：当图像整体颜色保持一致时，则代表路面光滑且没有病害存在；当图像颜色差异较大时，则代表可能存在噪声或者存在路面病害。

每一张图片都可以获得一个与之对应的直方图，直方图的 X 轴代表 0 ~ 255 像素值，而 Y 轴代表出现这些像素值的频率。直方图可以提供该图像相关的统计信息，可以根据直方图看出图片的色彩范围、辐射分辨率、对比度；直方图积分代表了规定区间的像素值数量占整体图像数量比例，它反映了图像的亮度信息：当小像素值区域的积分占比较大时，图片较暗，当大像素值区域的积分占比较大时，图片较亮。因此，可以充分利用直方图的信息，通过构建统计量来判断路面沥青病害是否存在。

在直方图中，横坐标表示图像的深度值，如果有裂缝或者凹槽，那么该病害位置的颜色就会越深，则其深度值就越小；如果存在凸起或行车线，该病害的颜色会显得更浅，对应的深度值则较大。纵坐标表示像素值出现的频率，若有裂缝或凹槽，较小像素值的出现频率会较高，因此直方图的左侧比例会增加；相反，若有凸起或行车线，较大像素值的出现频率较高，导致直方图的右侧比例增大。与裂缝相比，凹槽的面积更大且呈面状，导致该部分像素值出现频率连续变化，因此在直方图左侧会显示出平稳的连续变化，从而被判定为凹槽；对于裂缝而言，其面积较小且呈线状，因此该区域的像素值出现频率会出现明显的断续变化。因此，在直方图的右侧，会显示出这种断续的变化，从而被判定为裂缝。与裂缝、凹槽不同的是，拥包是凸起的状态，因此该病害位置的颜色比较浅，则其深度值就会越大，那么较大的深度值出现的频率就会高，因此直方图的右边占比就会比较大。同时拥包面积较大呈现块状，该病害在直方图上深度值频率的变化是较为平稳的，所以判定为拥包。

经过大频次的统计，构建了如下统计量，这些统计量基于某个像素值出现的频次。包括：$integral_{first0-50}$，$integral_{first0-100}$，$integral_{first0-200}$，$integral_{first0-300}$，$integral_{last50-255}$，$integral_{last100-255}$，$integral_{last200-255}$，$integral_{last300-255}$，$integral_{left200-max}$，$integral_{max-right200}$，以及 $right200-left200$。其中，$integral$ 代表积分，目的是计算从0像素值到第一次出现某个频次的像素值之间的直方图面积；下标代表了从初始像素值到第一次出现某个频次的像素值，或最后一次出现某个频次的像素值，直到结束像素值。最后一个统计量用来表示图像的波动程度，即直方图"波峰"的宽度，该指标用来判断是否存在噪声。通过一组数据直观展示，如图5-7所示。

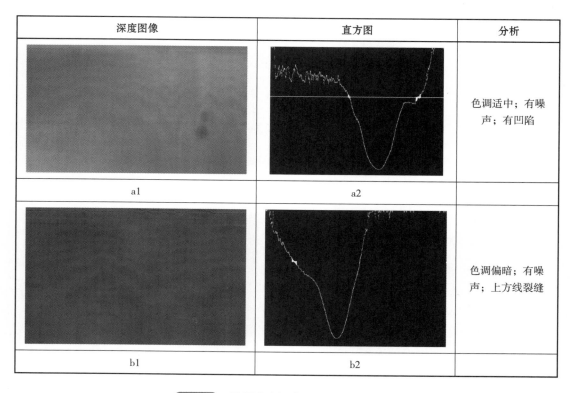

深度图像	直方图	分析
a1	a2	色调适中；有噪声；有凹陷
b1	b2	色调偏暗；有噪声；上方线裂缝

图5-7　路面病害深度图和直方图（一）

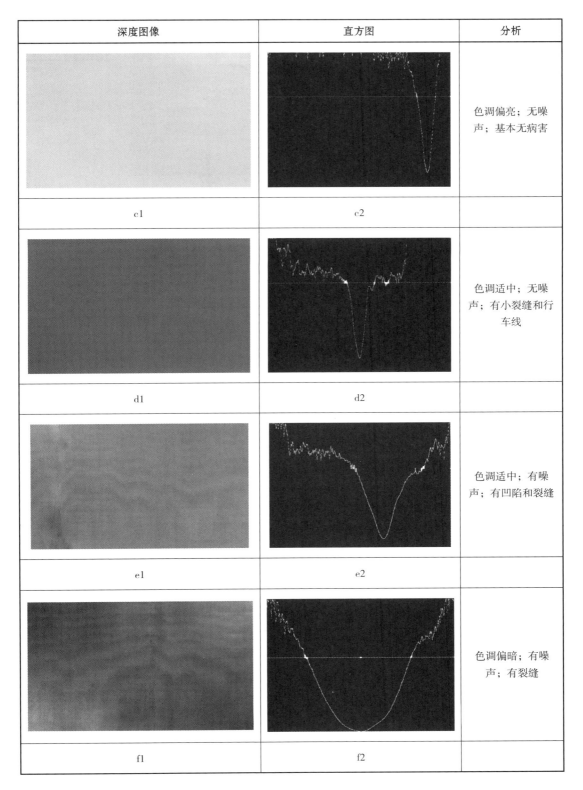

深度图像	直方图	分析
c1	c2	色调偏亮；无噪声；基本无病害
d1	d2	色调适中；无噪声；有小裂缝和行车线
e1	e2	色调适中；有噪声；有凹陷和裂缝
f1	f2	色调偏暗；有噪声；有裂缝

图 5-7　路面病害深度图和直方图（二）

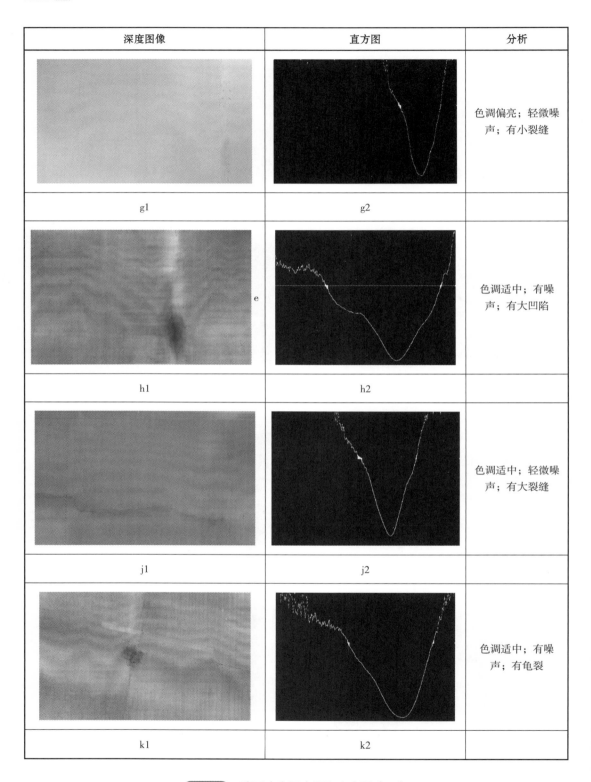

深度图像	直方图	分析
g1	g2	色调偏亮；轻微噪声；有小裂缝
h1	h2	色调适中；有噪声；有大凹陷
j1	j2	色调适中；轻微噪声；有大裂缝
k1	k2	色调适中；有噪声；有龟裂

图 5-7　路面病害深度图和直方图（三）

图c1、图d1和图g1几乎没有噪声或仅有轻微噪声，因此它们的直方图曲线较为狭窄。而其他图5-7中，图像则存在噪声，导致其直方图曲线较宽，且左右两侧波动较大。由此可知，left200这个统计量代表直方图上以最大像素值频次出现的位置为中心，分别向右和向左，第一次出现200频次像素值的位置之差，它可以表征图像的混乱程度，即是否存在大噪声。

图5-7中，图b1、图e1、图f1、图g1、图k1存在裂缝，从其直方图上来看，left200积分的比重相比没有裂缝的图像要大，但是相比存在凹陷的图像要小；图a2、图e2、图h2、图k2则存在凹陷，其左侧积分的比重更大。

此外，噪声图像也可以分为两类，第一类是存在较小的噪声，如图5-7中图a2、图d2、图e2、图g2、图j2，它们在钟形区域的right200-left200不大，且左右两侧参差不齐的现象没有较大噪声的图像明显，图5-7中图b1、图f1、图h1、图k1存在较大噪声的图像。由于噪声的影响，含有较大噪声的图像在直方图上的表现与病害图像相似。因此，需要提升原始图像的质量，以确保噪声较少或不存在。在这种情况下，可以利用构建的统计量进行多元回归，从而确定这些统计量与病害之间存在的函数关系。

从图5-8可以看出，right200-left200这个统计量代表直方图上以最大像素值频次出现的位置为中心，分别向右和向左，第一次出现200频次像素值的位置之差，它可以表示图像的混乱程度。这些统计量具有联系，例如$\text{integral}_{\text{left200-max}}$占全图的比重和right200-left200统计量之间存在反比关系。统计深度直方图信息，生成对应的表格并归类，如图5-9所示。其中，f200表示第一次出现200频次；l200表示最后一次出现200频次；z200表示最大频次左边最后一次出现200频次；右-左表示噪声评估指标，当该值超过35就判定该图像中有噪声；如若该值超过100则判定为大量噪声。

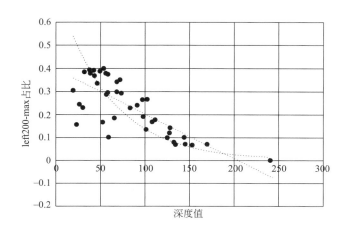

图5-8　病害—噪声图像integral（left200-max）-X统计图

5.2.3　图像数据与点云数据的融合方法

CCD影像与激光扫描数据的配准融合是将激光扫描数据用于三维地物模型重建后，

图片名	存在问题	0-f200占比	f200-l200占比	l200-256占比	0-z200占比	z200-y200占比	y200--占比	右-左
2912-2920	标志线	0.251675	0.721594	0.0267304	0.348877	0.451541	0.199582	72
2928-2936	标志线	0.270722	0.682069	0.0472096	0.266926	0.678065	0.0550092	102
2944-2952	大量噪声裂缝	0.1199	0.835708	0.0443919	0.114588	0.846175	0.0392374	93
2960-2968	大量噪声裂缝	0.121075	0.81331	0.0656153	0.10419	0.846285	0.049525	25
2992-3000	大量噪声裂缝	0.173824	0.759033	0.0671426	0.156562	0.79177	0.0516513	23
3000-3008	大量噪声裂缝	0.393981	0.482404	0.123615	0.388503	0.397271	0.214227	40
3032-3040	大量噪声裂缝	0.269402	0.637977	0.0926217	0.26566	0.645653	0.0886863	97
3040-3048	大量噪声裂缝	0.07307	0.833306	0.0936237	0.0700517	0.839458	0.0904902	145
3048-3056	大量噪声裂缝	0.108996	0.856342	0.0346623	0.101469	0.871118	0.027413	59
3056-3064	裂缝	0.0725488	0.888714	0.0387377	0.0688539	0.884858	0.0462882	133
3064-3072	裂缝	0.187044	0.640934	0.172017	0.17674	0.662002	0.161258	35
3072-3080	轻微裂缝	0.302986	0.537398	0.159616	0.298831	0.532977	0.168192	68
3080-3088	噪声	0.391471	0.504747	0.103782	0.400338	0.390977	0.208686	53
3088-3096	噪声凹陷	0.180131	0.705058	0.114811	0.176593	0.704982	0.118425	111
3096-3104	噪声凹陷	0.171293	0.580376	0.248332	0.164998	0.592352	0.242649	52
3120-3128	噪声凹陷	0.0696871	0.845893	0.0844202	0.0666584	0.851957	0.0813843	153
3176-3184	噪声凹陷	0.143519	0.801585	0.0548967	0.139519	0.80959	0.0508916	111
3192-3200	噪声标志线	0.143874	0.822999	0.0331268	0.140301	0.829969	0.0297299	128
3240-3248	噪声标志线	0.256797	0.65488	0.0883229	0.260222	0.63794	0.101838	105
3248-3256	噪声裂缝	0.296866	0.646514	0.0566198	0.293005	0.470114	0.236881	73
3256-3264	噪声裂缝	0.233655	0.603791	0.162554	0.229575	0.611965	0.15846	83
3296-3304	噪声裂缝	0.188494	0.519013	0.292492	0.184202	0.527625	0.288172	65
3304-3312	噪声裂缝	0.378466	0.480139	0.141395	0.374337	0.426516	0.199148	58
3320-3328	噪声裂缝	0.121989	0.733733	0.144278	0.118759	0.740281	0.14096	127
3328-3336	噪声裂缝	0.146905	0.821172	0.0319225	0.132108	0.85015	0.0177426	33

图 5-9　部分图像预分类结果图

自动将CCD获取的彩色影像对应映射到该模型上，进而生成真实感的激光扫描三维场景模型。移动三维激光扫描的数据经过传感器安置参数和POS数据的融合，生成WGS-84坐标系下的空间点云数据，然后进行滤波和插值处理，最后提取特征以获取关键点并进行三维重建，从而获得地物目标的三维模型[44]（图5-10）。

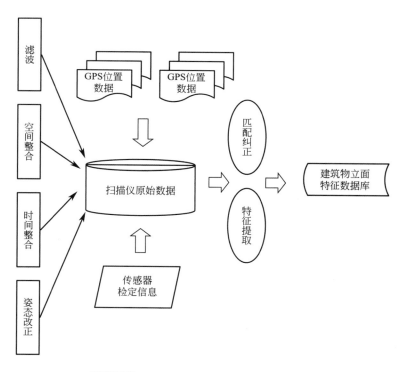

图 5-10　移动三维激光扫描数据处理流程

在完成地物目标的三维重建后，可以获取其特征或关键点的WGS-84坐标。随后，根据CCD相机拍摄该目标时的空间位置和姿态，通过单相机的后方交会算法计算出这些点在CCD影像上的像素坐标，从而提取该点的颜色信息。对于模型上形成的多个空间点所构成的区域，也可以映射到CCD图像上的一个多边形区域。通过插值方法，可以将纹理颜色信息映射到三维模型上，进而实现三维模型的真实感可视化[45]。

1. 融合模型

由于激光扫描的数据采集频率非常高，可达$10 \sim 100 \mathrm{kHz}$，并且以等时间间隔进行采样；而CCD相机在同步控制器的控制下，按照等空间间隔进行图像采集，频率仅为几Hz，无法在时间轴上实现两者的匹配。因此，需要从激光扫描点的WGS-84坐标系空间坐标和图像的像空间坐标出发，结合其在WGS-84坐标系中的位置和姿态，建立两者的配准融合模型（图5-11）。

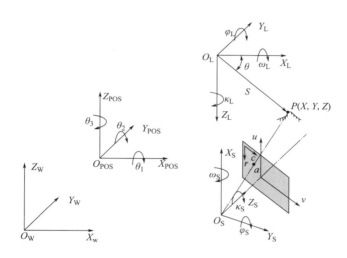

图 5-11　四个坐标系之间的关系

其中，O_W-$X_\mathrm{W}Y_\mathrm{W}Z_\mathrm{W}$代表WGS-84大地坐标系，$O_\mathrm{POS}$-$X_\mathrm{POS}Y_\mathrm{POS}Z_\mathrm{POS}$代表POS坐标系，$O_\mathrm{S}$-$X_\mathrm{S}Y_\mathrm{S}Z_\mathrm{S}$表示CCD相机成像坐标系，$O_\mathrm{L}$-$X_\mathrm{L}Y_\mathrm{L}Z_\mathrm{L}$表示激光扫描坐标系。设激光扫描$P$点的时刻为$tL$，$P$点由激光扫描推算在$O_\mathrm{W}$-$X_\mathrm{W}Y_\mathrm{W}Z_\mathrm{W}$坐标系下的坐标为：

$$\begin{bmatrix} X_\mathrm{W}^\mathrm{L} \\ Y_\mathrm{W}^\mathrm{L} \\ Z_\mathrm{W}^\mathrm{L} \end{bmatrix} = \begin{bmatrix} X_\mathrm{POS}^\mathrm{W\text{-}tL} \\ Y_\mathrm{POS}^\mathrm{W\text{-}tL} \\ Z_\mathrm{POS}^\mathrm{W\text{-}tL} \end{bmatrix} + R_\mathrm{POS}^\mathrm{W\text{-}tL} \begin{bmatrix} X_\mathrm{L}^\mathrm{POS} \\ Y_\mathrm{L}^\mathrm{POS} \\ Z_\mathrm{L}^\mathrm{POS} \end{bmatrix} + R_\mathrm{L}^\mathrm{POS} \begin{bmatrix} d_\mathrm{L}\sin\theta_\mathrm{L} \\ d_\mathrm{L}\cos\theta_\mathrm{L} \\ 0 \end{bmatrix} \tag{5-20}$$

设CCD相机拍摄P点的时刻为tS，设P点在O_S-$X_\mathrm{S}Y_\mathrm{S}Z_\mathrm{S}$坐标系下的坐标为$[X_\mathrm{S}, Y_\mathrm{S}, Z_\mathrm{S}]^\mathrm{T}$，$P$点由摄影测量推算在$O_\mathrm{W}$-$X_\mathrm{W}Y_\mathrm{W}Z_\mathrm{W}$坐标系下的坐标为：

$$\begin{bmatrix} X_\mathrm{W}^\mathrm{S} \\ Y_\mathrm{W}^\mathrm{S} \\ Z_\mathrm{W}^\mathrm{S} \end{bmatrix} = \begin{bmatrix} X_\mathrm{POS}^\mathrm{W\text{-}tS} \\ Y_\mathrm{POS}^\mathrm{W\text{-}tS} \\ Z_\mathrm{POS}^\mathrm{W\text{-}tS} \end{bmatrix} + R_\mathrm{POS}^\mathrm{W\text{-}tS} \begin{bmatrix} X_\mathrm{s}^\mathrm{POS} \\ Y_\mathrm{s}^\mathrm{POS} \\ Z_\mathrm{s}^\mathrm{POS} \end{bmatrix} + R_\mathrm{S}^\mathrm{POS} \begin{bmatrix} X_\mathrm{s} \\ Y_\mathrm{s} \\ Z_\mathrm{s} \end{bmatrix} \tag{5-21}$$

所以有：

$$\begin{bmatrix} X_{\text{POS}}^{\text{W-tL}} \\ Y_{\text{POS}}^{\text{W-tL}} \\ Z_{\text{POS}}^{\text{W-tL}} \end{bmatrix} + R_{\text{POS}}^{\text{W-tL}} \left[\begin{bmatrix} X_{\text{L}}^{\text{POS}} \\ Y_{\text{L}}^{\text{POS}} \\ Z_{\text{L}}^{\text{POS}} \end{bmatrix} + R_{\text{L}}^{\text{POS}} \begin{bmatrix} d_{\text{L}} \sin\theta_{\text{L}} \\ d_{\text{L}} \cos\theta_{\text{L}} \\ 0 \end{bmatrix} \right] = \begin{bmatrix} X_{\text{W}}^{\text{S}} \\ Y_{\text{W}}^{\text{S}} \\ Z_{\text{W}}^{\text{S}} \end{bmatrix} = \begin{bmatrix} X_{\text{POS}}^{\text{W-tS}} \\ Y_{\text{POS}}^{\text{W-tS}} \\ Z_{\text{POS}}^{\text{W-tS}} \end{bmatrix} + R_{\text{POS}}^{\text{W-tS}} \left[\begin{bmatrix} X_{\text{s}}^{\text{POS}} \\ Y_{\text{s}}^{\text{POS}} \\ Z_{\text{s}}^{\text{POS}} \end{bmatrix} + R_{\text{S}}^{\text{POS}} \begin{bmatrix} X_{\text{s}} \\ Y_{\text{s}} \\ Z_{\text{s}} \end{bmatrix} \right] \quad (5\text{-}22)$$

可得：

$$\begin{bmatrix} X_{\text{S}} \\ Y_{\text{S}} \\ Z_{\text{S}} \end{bmatrix} = \left[R_{\text{S}}^{\text{POS}} \right]^{-1} \left\{ \left[R_{\text{POS}}^{\text{W-tS}} \right]^{-1} \left[\begin{bmatrix} X_{\text{POS}}^{\text{W-tL}} \\ Y_{\text{POS}}^{\text{W-tL}} \\ Z_{\text{POS}}^{\text{W-tL}} \end{bmatrix} + R_{\text{POS}}^{\text{W-tL}} \left[\begin{bmatrix} X_{\text{L}}^{\text{POS}} \\ Y_{\text{L}}^{\text{POS}} \\ Z_{\text{L}}^{\text{POS}} \end{bmatrix} + R_{\text{L}}^{\text{POS}} \begin{bmatrix} d_{\text{L}} \sin\theta_{\text{L}} \\ d_{\text{L}} \cos\theta_{\text{L}} \\ 0 \end{bmatrix} \right] - \begin{bmatrix} X_{\text{POS}}^{\text{W-tS}} \\ Y_{\text{POS}}^{\text{W-tS}} \\ Z_{\text{POS}}^{\text{W-tS}} \end{bmatrix} \right] - \begin{bmatrix} X_{\text{s}}^{\text{POS}} \\ Y_{\text{s}}^{\text{POS}} \\ Z_{\text{s}}^{\text{POS}} \end{bmatrix} \right\} \quad (5\text{-}23)$$

然后根据成像公式得到：

$$\begin{cases} \dfrac{r_{\text{p}} - r_{\text{o}}}{f_{\text{u}}} = \dfrac{x_{\text{s}}}{z_{\text{x}}} \\ \dfrac{c_{\text{p}} - c_{\text{o}}}{f_{\text{v}}} = \dfrac{y_{\text{s}}}{z_{\text{x}}} \end{cases}, \quad 即 \quad \begin{cases} r_{\text{p}} = \dfrac{x_{\text{s}}}{z_{\text{x}}} \times f_{\text{u}} + r_{\text{o}} \\ c_{\text{p}} = \dfrac{y_{\text{s}}}{z_{\text{x}}} \times f_{\text{v}} + c_{\text{o}} \end{cases} \quad (5\text{-}24)$$

建立 P 点坐标从激光扫描坐标系的坐标 $[d_{\text{L}}, \sin\theta_{\text{L}}, d_{\text{L}}, \cos\theta_{\text{L}}, 0]^{\text{T}}$ 或大地坐标系中的坐标 $[X_{\text{W}}, Y_{\text{W}}, Z_{\text{W}}]^{\text{T}}$ 到图像坐标系的坐标 $[r_{\text{p}}, c_{\text{p}}]^{\text{T}}$ 的映射关系，最终得到 P 点的颜色信息。

2. CCD影像与激光扫描三维模型的纹理映射

由于CCD相机在对地物目标进行摄影的时候，存在着倾斜摄影情况，从而导致获得的影像不是地物三维模型面上的正射影像，因此在进行纹理映射时，必须对影像进行校正。

在对激光点云处理后生成地物三维模型时，一般采用构建三角网来表达物体的表面模型，因此可以通过上述的映射方法将所有三角网的节点映射到CCD影像上，按相同的规律将影像进行三角网格划分，然后通过经典的正摄影像校正方法来实现纹理映射。

5.3 应用实施要点

工程质量检测对象很多，比如建筑工程、隧道工程、公路工程、铁路工程等，如果采用常规的工程质量检测方法，不仅检测工序繁琐，而且费时费力，工效也不是很理想。比如常规的公路工程质量检测是采用人力实地测验的方法进行的，包括路基路面压实度、路面材料试验、路面厚度、平整度和粗糙度、抗滑性能、桥梁结构、交通工程设施、环境影响及排水系统检测等方面。其检测方法是通过选择适合的检测方法和设备，如灌砂法、核子密度湿度仪、平整度仪、摆式摩擦系数测定仪等，根据实际情况确定详细的检测方案，并对工程的关键部位、隐蔽工程等做测试，确保检测结果的准确性；其工程检测耗费时间，人力成本巨大，且依赖工作人员自身的工作经验，具有较强的不稳定性。

智能化作为新兴技术，通过工程质量检测关键技术与装置中引入智能化技术，对于提升检测效率、精度具有很好的工作成效。通过对现有的智能化工程质量检测方法进行梳理，可以发现其应用实施要点主要包括现场检测设备布设与规划、现场质量数据采集与提取、参数解算和病害检测等，为便于读者理解和应用智能化工程质量检测技术，下面以公路工程、隧道工程质量检测为例，对这些应用实施要点分别进行具体阐述。

5.3.1 现场检测设备布设与规划

在进行智能化施工质量检测之前，需要做好现场检测设备布设与规划。比如在进行公路工程检测之前，需要将封装后的检测系统采用刚性连接方式固定在载车平台上，如图5-12所示，利用全站仪后方交会测得试验路段内控制点坐标，再由车载三维系统以40km/h的速度在该路段采集数据，数据采集过程如下（图5-13、图5-14）：

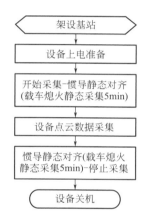

图 5-12 外业数据采集流程图

（1）架设GPS基站。GPS基站作为定位数据结算的基准站数据，在载车平台搭载数据采集系统工作时GPS基站需实时采集GPS静态数据，配合车载GPS接收机记录的动态定位数据、惯导记录的位置偏移及编码器记录行驶距离进行高精度定位数据的解算。

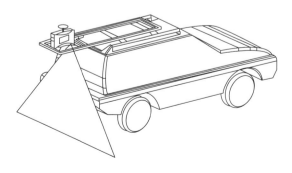

图 5-13 公路工程检测载车平台装载

图 5-14 公路工程外业工作场景

（2）连接电源，设备通电测试连接。外业数据采集时车载计算机上安装有采集监控软件，能实时显示各个模块的工作状态，确认各个模块正常连接无异常后可进行系统初始化。

（3）系统初始化，惯导系统初始对准。设备开始采集路面三维点云数据之前，需要将保持车载平台完全静止，尽量停放在开阔区域，保证GPS信号良好，完成惯导系统的静止数据采集，维持数分钟。

（4）载车平台搭载系统进行点云数据采集。沿预先设定的路线进行数据采集，工控机内数据采集系统会同步采集存储GPS接收机、惯导系统及三维视觉系统数据，工作时保持设备正常运行，车速控制在20～100km/h。

（5）惯导静止数据采集，结束。与系统工作前采用同样方式完成同样时间的惯导静止数据采集。

（6）数据检查存储。检查采集数据的完整性，将工控机中存储的GPS数据、IMU数据、编码器返回数据、相机数据及点云数据一起转存进服务器。

（7）关闭系统，断开电源连接。

从GPS基站拷贝GPS基站数据，从设备拷贝原始点云数据、GPS移动站数据、惯导数据、里程计数据；利用GPS基站数据、GPS移动站数据、惯导数据、里程计数据联合解算高精度POS定位数据；利用高精度POS定位数据、原始点云数据解算出路面三维点云成果。

5.3.2 现场质量数据采集与提取

现场质量数据采集与提取是做好智能化施工质量检测的基础。下面以隧道工程质量检测为例，从数据采集原理、数据采集方案、数据采集流程、特征数据自动提取四个方面阐述现场质量数据采集与提取的实施要点。

1. 数据采集原理

移动三维激光扫描系统与传统三维激光扫描仪的采集方式有所不同。传统三维激光扫描仪通过激光发射器和机身的同时旋转来实现三维数据采集[46]。移动式三维激光扫描仪则采用2D断面扫描仪，在与小车前进方向垂直的方向上进行二维断面扫描，并通过螺旋式采集获取空间三维数据。生成的点云数据以激光发射中心为原点，以前进方向为Y轴构建空间坐标系，从而获取隧道结构的海量线性点云数据[47, 48]。移动三维激光扫描仪采集原理如图5-15所示。

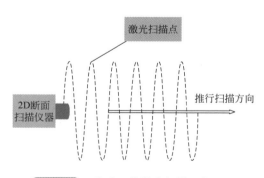

图5-15 移动三维激光扫描采集原理

以小车前进的方向为Y轴，天顶方向为Z轴，水平方向为X轴建立三维坐标系，记录激光发射到回收的时间t，根据激光传播的速度c，可以得到每个断面坐标系下环片上的每个激光点到坐标中心的距离，点云坐标测量原理如图5-16所示。

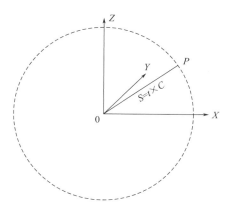

图 5-16　点云坐标测量原理

2. 数据采集方案

外业数据采集是初始数据获取的重要环节，具体检测时需针对不同的情况采用不同的数据采集方案。比如在隧道工程检测时，根据线路特点分为运营线路（已铺轨）、未运营（无轨道）、有 CP Ⅲ 控制点、无 CP Ⅲ 控制点等。

运营线路（已铺轨）外业数据采集主要是以人工推扫轨道小车的方式进行，采集设备如图 5-17、图 5-18 所示。人工推扫速度建议控制在 5km/h 以内。同时根据里程桩、CP Ⅲ 控制点、运营百米标以及实际监测需求合理选择控制点布设方案。

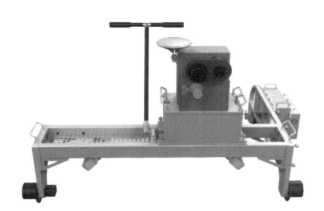

图 5-17　运营线路数据采集设备

图 5-18　无轨线路数据采集设备

未运营（无轨道）类型线路主要针对盾构完成但尚未铺设钢轨的隧道区间，用来辅助地铁公司进行竣工验收以及隧道几何状态的初始值获取。此类型线路由于无运营钢轨，故激光扫描仪器的运行载体为四驱智能车，该车能通过自动操控软件实现自动运行，采集过程中为了减少颠簸对设备的影响，采集速度建议不能超过 1m/s。另外，根据线路的建设情况及实际需求选择控制点方案。

CP Ⅲ控制点线路。CP Ⅲ是地铁建设或运营过程中地铁公司委托相关测量单位布设的高精度地铁控制网，精度高，点位稳定。为了提高内业成果的精度，实际要求扫描成果采用绝对坐标，移动三维激光扫描数据采集控制网一般选择CP Ⅲ控制网作为扫描外业控制点。

无CP Ⅲ控制点线路。由于部分地铁线路建设较早，以及各地地铁公司管理不同，部分地铁未布设CP Ⅲ控制网，该类型线路一般采用常规监测布设的控制网或百米里程标作为控制信息，该方法生产成果不具备绝对坐标，但体现隧道结构形态的相对精度不受影响。

3. 数据采集流程

针对不同隧道（是否铺轨）选择合适的数据采集方式：人工推扫或智能四驱车。两种采集方式的基本流程和使用的激光扫描仪、惯导、里程计等传感器基本相同，区别在于移动载体不同。以下通过推扫式扫描数据采集流程进行说明。具体流程主要分为以下步骤：天窗作业清点登记、人员设备交底、控制点布设、施工区进场、控制标靶（CP Ⅲ反射镜）铺设、设备组装调试、启动扫描仪等传感器、人员设备清点出场、天窗作业销点登记。

（1）天窗作业清点登记：施工作业进场前，针对本次施工需要进场的设备、人员及作业区间在车站管理中心进行登记，接受管理人员检查，得到施工许可后方能进入作业区。

（2）人员设备交底：为保障外业实施过程中人员设备的安全，必须对进场人员进行安全交底，明确施工职责和注意事项，保障数据采集实施的安全顺利。

（3）控制点布设：移动三维激光系统获取的点云坐标是以实时激光器中心点为原点，通过高精度惯导定位技术实时获取激光器中心的坐标，从而实现三维点云的高精度定位。外业控制点数据可以辅助内业处理确定坐标信息、里程信息、长短链信息等。控制点布设往往采用地铁线路传统监测布设的控制网，以及隧道运营百米里程标或CP Ⅲ控制网等。

制定外业采集方案时，应根据现场情况及项目成果要求选取控制点方案。运营百米桩作为控制点方案，该方案可对外业里程信息进行纠正，确保里程信息的正确。常规监测控制网作为移动三维机关扫描控制网，该方案可以对外业采集的点云数据赋予绝对坐标信息，但由于控制点的铆钉在点云数据中识别较为困难，需要人工选取标定，存在误差较大从而导致内业处理绝对坐标存在偏差。CP Ⅲ控制网是一种高精度控制网系统，精度较高，外业采集过程中需要利用CP Ⅲ反射棱镜进行标定采集，但目前我国地铁布设CP Ⅲ控制网较少，因此移动三维激光扫描外业采集控制网应充分考虑现场情况及成果需求进行合理选择。

（4）施工区进场：安全交底后在车站工作人员带领下打开地铁作业区的端门，施工人员、设备方能进入区间进行作业。

（5）控制标靶（CP Ⅲ反射锁）铺设：进入测区后，控制点铺设员根据选定的控制点方案在测区内寻找控制点位置，并在该位置放置控制标志。轨道沿线隧道壁两边离轨面高度1m左右无遮挡，间隔60m左右布置一对控制点，在曲线等有条件的地方加密布设控制点作为定位精度检查点，并在所有控制点上布设CP Ⅲ标靶定制靶标（车站部位布设在站台边缘上和疏散平台一侧布置在平台上方1m处）（图5-19）。

图 5-19　现场及靶标示意

（6）设备组装调试：设备组装调试必须由专业的设备操作员完成，整个系统主要分为四个模块：移动载体（集成里程计）、激光扫描仪（内部集成惯导）、电源模块及操控计算机模块。设备组装完成确保各线路连接通畅后方可打开电源设备。

（7）启动扫描仪等传感器：扫描系统通电后利用计算机操控软件启动扫描仪内部各传感器设置。

（8）人员设备清点出场：作业区数据采集完成后由操作员对设备进行拆解，并运出作业区间，同时外业实施负责人对本次采集出场人员、设备进行清点、拍照、登记，确保无任何人员、设备移出作业区。

（9）天窗作业销点登记：清点完成、确保无误后，由外业施工负责人到车站管理室进行销点登记。销点结束后由车站安保人员带领，所有人员设备清出。

至此，单次移动三维激光外业实全部完成，最后由该线路的外业实施负责人统一编制汇总该线路外业实施台账并存档，以备内业计算人员查阅。

（10）注意事项：

外业数据采集过程中，主要针对高精度数据采集注意事项进行说明：

① 在采集前注意记录初始和结束里程、环号顺序、扫描区间名称以及扫描的左右线；

② 设备静止结束工程完成之前绝对禁止搬动设备，设备静止期间设备需要保持绝对不动；

③ 数据采集过程中速度保持相对一致、设备整体运行平稳；

④ 在经过道岔、车辆段等轨道变换的区间时，注意改换轨道，要求在每个轨道上都要进行扫描，得到完整的点云数据；

⑤ 工程数据采集完毕，拷贝扫描设备上的工程数据。

现场扫描图如图5-20所示。

图 5-20　现场扫描图

4. 特征数据自动提取

进行智能化施工工程质量检测时，提取变形特征对理解和分析变形至关重要[49]。下面以铁路隧道工程质量检测为例进行阐述。铁路隧道工程变形分析方法包括变形特征的提取、评估、分析和预报。如果无法从观测数据中准确获取断面变形的位置和大小，即使前期的数据采集和后期的变形分析精度很高，也无法真实反映隧道的实际状态，从而使变形监测失去意义[50]。本章节在利用移动三维激光测量系统进行隧道结构变形和病害健康监测研究过程中，通过点云数据间的关系实现对变形特征的自动提取[51, 52]。下面介绍其详细算法流程。

第一步，对三维激光扫描系统的轨迹数据进行抽稀处理。将多段线的首尾两点A和B连接成一条直线AB，这条直线被视为多段线的弦。接着找出多段线上离这条直线段距离最大的点C，并计算其与AB的距离d。然后，将这个距离与预先设定的阈值threshold进行比较。如果d小于threshold，则将该直线段视为多段线的近似处理完毕；如果d大于阈值，则用点C将多段线分成AC和BC两段，并对这两段分别重复上述步骤。处理完成所有多段线后，将各个分割点依次连接形成的多段线，即为经过抽稀处理后可以作为原多段线的近似线。

对抽稀后的点云轨迹数据$P\{P_1, P_2, P_3 \cdots P_n\}$进行平滑处理，在平滑处理时只使用轨迹点的平面坐标，即$P_n(X_n, Y_n)$，其平滑算法具体如下所述：以多段线起始点开始计算，查找该顶点$P_c(x_c, y_c)$索引前后$t/2$的点数据P_t，判断每一个点与前一个点的距离D_t与阈值D的关系，若D_t小于阈值D，则剔除该点，否则保留。若保留点数k小于3个，则查找下一个顶点继续抽稀步骤。再以最远的点和最近的点构建旋转参数，并将所有的点坐标按照旋转参数进行旋转平移得到$P_k(x_k, Y_k)$。其公式如下：

$$d\cos = \frac{(x_{k-1} - x_0)}{\sqrt{(x_{k-1} - x_0)^2 + (y_{k-1} - y_0)^2}} \qquad (5-25)$$

$$d\sin = \frac{\left(y_{k-1} - y_0\right)}{\sqrt{\left(x_{k-1} - x_0\right)^2 + \left(y_{k-1} - y_0\right)^2}} \qquad (5-26)$$

$$X_k = d\cos \times (x_k - x_0) + d\sin \times (y_k - y_0) \qquad (5-27)$$

$$Y_k = -d\sin \times (x_k - x_0) + d\cos \times (y_k - y_0) \qquad (5-28)$$

对所有的点进行抛物线拟合，公式为 $y = A \times x^2 + B \times x + C$，其详细公式如下：

$$\begin{bmatrix} A \\ B \\ C \end{bmatrix} = \begin{bmatrix} \sum\limits_{i=0}^{i=k}(X_i)^4 & \sum\limits_{i=0}^{i=k}(X_i)^3 & \sum\limits_{i=0}^{i=k}(X_i)^2 \\ \sum\limits_{i=0}^{i=k}(X_i)^3 & \sum\limits_{i=0}^{i=k}(X_i)^2 & \sum\limits_{i=0}^{i=k}(X_i)^1 \\ \sum\limits_{i=0}^{i=k}(X_i)^2 & \sum\limits_{i=0}^{i=k}(X_i)^1 & 0 \end{bmatrix}^{-1} \times \begin{bmatrix} \sum\limits_{i=0}^{i=k}X_i \times X_i \times Y_i \\ \sum\limits_{i=0}^{i=k}X_i \times Y_i \\ \sum\limits_{i=0}^{i=k}Y_i \end{bmatrix} \qquad (5-29)$$

根据拟合参数对选择的顶点坐标进行修正：

$$y_c = A \times (x_c)^2 + B \times x_c + C \qquad (5-30)$$

根据式（5-25）、式（5-26）、式（5-30）对该顶点其进行反向旋转，得到点 $P_d(x_d, y_d)$：

$$x_d = d\cos \times x_c - d\sin \times y_c + x_0 \qquad (5-31)$$

$$y_d = d\sin \times x_c + d\cos \times y_c + y_0 \qquad (5-32)$$

第二步，对行驶路径进行里程编辑。按照外业采集提供的各种铁路类型（隧道段、站内段）的起始终止点坐标，作垂线垂直于参考多段线，并按照垂点切割多段线。按照移动车载系统运行方向，判断其里程方向为大里程或者小里程，并根据外业记录设置多段线的起始或者终止里程，自动计算多段线的起始里程、终止里程以及多段线的二维长度。

第三步，进行隧道断面测量。首先获取对应里程点一定容差包围盒范围的点云数据作为断面点云数据，计算出与参考线垂点、前进方向的方向向量以及里程信息。根据计算出的参数自动提取出左右轨面中心点。根据轨面中心点计算确定中桩点，以中桩点为原点，X 轴指向右轨面点，Y 轴指向下一个中桩点，Z 轴向上定义为右手坐标系的轨面坐标系。在该轨面坐标系下进行投影后与标准钢轨模型点集进行匹配计算，获得左右钢轨的 4 个左右轨底点。该 4 个点作为断面成果数据的一部分。再以提取的左右轨面中心点确定的中桩点为原点，以参考线前进方向的方向向量为 Y 轴方向，Z 轴垂直向上确定右手坐标系为断面坐标系，截取三维点云并转换至该断面坐标系下。随后分割出该断面当前钢轨的点云数据，将点云数据投影到轨面坐标系中，根据算法抽稀投影坐标后拟合二维圆，确定圆心后，以圆心点为原点采用等角度间隔自动提取此处隧道位置的断面点坐标，经过滤非隧道噪点后进行融合处理，计算断面点到中桩的二维距离，最后对隧道断面点赋值相应的属性信息，依次可以自动提取整个隧道段的所有断面数据。断面测量的具体流程图如图 5-21 所示。

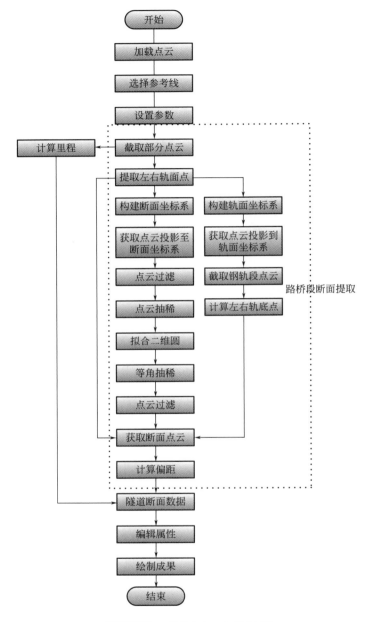

图 5-21　隧道段断面测量流程

在隧道段断面测量中，需要根据测量参数以及计算 Roll 角度值构建轨面坐标系，轨面坐标系包括 3×3 的旋转矩阵 M1 和 3×1 的偏移矩阵 M2。

偏移矩阵 M1 公式为：

$$M1 = \begin{bmatrix} x_{c1} \\ y_{c1} \\ z_{c1} \end{bmatrix} \quad (5-33)$$

旋转矩阵 M2 计算步骤为：

分别计算绕 X、Y、Z 轴旋转的角度 R_x、R_y、R_z：

$$R_x = \tan^{-1}\left(z_n / \sqrt[2]{(x_n)^2 + (y_n)^2}\right) \tag{5-34}$$

$$R_y = \frac{\text{Roll}}{180.0} \times 3.1415926 \tag{5-35}$$

$$R_z = \tan^{-1}\left(y_n / x_n\right) \tag{5-36}$$

$$T = \sin R_x \times \sin R_y \tag{5-37}$$

$$R = \cos R_x \times \sin R_y \tag{5-38}$$

$$\text{M2} = \begin{bmatrix} \cos R_y \times \cos R_z & T \times \cos R_z - \cos R_x \times \sin R_z & R \times \cos R_z - \sin R_x \times \sin R_z \\ \cos R_y \times \sin R_z & T \times \sin R_z + \cos R_x \times \cos R_z & R \times \sin R_z - \sin R_x \times \cos R_z \\ -\sin R_y & \sin R_x \times \cos R_y & \cos R_x \times \cos R_y \end{bmatrix} \tag{5-39}$$

经旋转矩阵坐标转换后投影获得的轨面坐标系 XOZ 平面。根据设置的参数构建包围盒（高程方向采用无穷大值）切割获取该包围盒内的点云，并将所有点云坐标转换到构建的坐标系中，获取新坐标系下的点云数据坐标，将所有点云坐标投影到该轨面坐标系的 XOZ 平面上。

计算左右钢轨的左右轨底坐标作为断面成果数据。根据得到的轨面点坐标获得其在轨面坐标系下坐标，以该坐标为基准，在 X 轴方向截取一定范围内的投影点云，获取左右轨钢轨点云数据。以左钢轨段点云为例，以该钢轨段点云数据与标准钢轨模型点集进行匹配，分别计算钢轨模型点集轨面点（模型上已知）与该点云左右轨面点的差值 H_{M-L1}、H_{M-R1}，在高程方向上移动钢轨模型点集，使钢轨模型与点云模型最优匹配，由此即可直接获取左右钢轨模型点集上的轨底点 P_{ML1}、P_{MR1}，其左右高程值分别加上差值 H_{M-L1} 得到左右钢轨轨底点在轨面坐标系下坐标 P_{L-ML1}、P_{L-MR1}。以此方法计算获得右钢轨段点云的左右轨底点坐标 P_{R-ML1}、P_{R-MR1}。根据构建的包围盒切割原始点云获取该断面处点云，并定义断面坐标系。断面坐标系定义为原点在该里程处的中桩点 P_{C1}，由参考线前进方向的方向向量为 Y 轴方向，Z 轴同绝对坐标系指向一致，垂直向上，构建右手坐标系为断面坐标系，其中 XOZ 所在平面即为断面。将获取的包围盒内三维点云先转换至所构建的断面坐标系下，记录旋转矩阵为 M3。将转换后的点云数据投影至坐标系的 XOZ 平面，获得断面点云数据。

进行断面点云过滤，采用距离阈值过滤以及高程过滤方法过滤获取的断面点云数据的噪点，便于消除噪点对自动提取断面点的影响。

按照设置的参数进行过滤后随机抽稀后拟合圆心。其具体步骤如下：

将投影于 XOZ 平面的点云数据经过过滤处理后，出于拟合圆目的，需进一步进行过滤，剔除非隧道的地面点数据，结合铁路隧道特性，以点云中最低点的高程为 h，将投影后点云按高程进行过滤，则过滤条件描述为：

$$z \in [-\infty \quad h + 0.5] \tag{5-40}$$

根据构建的过滤条件对投影后点云进行过滤地面点。将过滤后的非地面投影点云采用随机抽稀的方式获取抽稀点云。对抽稀后点云数据采用最小二乘法拟合二维圆，拟合要求为求取误差方差和最小，计算确定圆心，其误差方程见式（5-41），对其进行求导后泰勒展开进行公式分解，由于该公式属于常见公式，具体不在此处展开分析。

$$f = \Sigma\left(\sqrt{\left(x - x_c\right)^2 + \left(z - z_c\right)^2} - R\right)^2 = \min \tag{5-41}$$

完成二维圆拟合后，获得在投影坐标系下 XOZ 平面上的圆心点坐标 $P_c(x_c,\ 0,\ z_c)$。将过滤地面点后得到的非地面投影点云剔除非隧道壁噪点，主要包括人形遮挡或其他设备遮挡等造成的噪点。根据设置的参数记录角度值 angle 及圆心点坐标 P_c，将获取的非地面投影点云以圆心坐标为起点，圆点指向 X 轴正向方向为起始角度零度方向，将点云数据按等角度划分，确定每个点所属点集块为 N_p，其划分公式如下：

$$\text{angle}_p = \sin^{-1} \frac{\left(z_p - z_c\right)}{\sqrt{\left(x - x_c\right)^2 + \left(z - z_c\right)^2}} \tag{5-42}$$

$$N_p = \text{angle}_p \% \text{angle} \tag{5-43}$$

经划分统计后，获取每一块点云，采用与圆心点的距离值进行阈值过滤，剔除非隧道壁噪点，具体方法为：计算该块点集每个点与圆心的二维距离值 d_p，与拟合的圆心半径 R 进行比较，若满足式（5-44）条件，则视为噪点予以剔除。

$$d_p \leqslant R \times 0.5 \tag{5-44}$$

将所有点集按上一步剔除噪点后，计算每块点集的质心 P_{ct}，采用点集求取平均值的方法计算获得。记录所有点集的质心 P_{ct}。将获取的左右轨面点及中桩点、获取的左右钢轨的左右轨底点添加至上述点集，构成该里程断面点云数据。利用获取的二维断面点云数据，根据定义断面坐标系所构建的旋转矩阵反算获得该点云的三维绝对坐标，作为断面数据成果输出。计算二维断面点云其到该投影坐标系下中桩点的二维距离值，以中桩点所指向的 Z 方向为分界线，按设置的参数标记的里程编号，从小里程指向大里程方向看，其左向设置为负距离值，右向设置为正距离值，计算偏距，将计算出来的值组合起来即可计算断面测量的坐标点位置、里程信息、偏距。

5.3.3 参数解算和病害检测

智能化施工质量检测的核心是做好参数解算和病害检测。下面以隧道工程为例，从基于点云的隧道断面提取、基于灰度图的环片自动识别、隧道拟合分析、盾构隧道椭圆度、隧道渗漏水检测、隧道错台分析、限界检测、隧道衬砌裂缝提取八个方面阐述智能化施工检测的参数解算和病害检测的实施要点。

1. 基于点云的隧道断面提取

传统的隧道形变监测方法（如全站仪和收敛计）主要通过现场测量隧道的横断面来分析形变，尽管监测精度较高，但效率较低。三维激光扫描技术凭借其快速的数据获取、高点密度、高精度和操作简便等优势，在隧道监测中展现出广阔的应用前景[53]。因此，如何利用大量的隧道点云数据进行精确的形变分析已成为当前的研究热点。对于横断面提取方法的研究，主要集中在如何使断面更加准确地与隧道正交，具体可以分为以下几类：

（1）通过旋转隧道点云数据，使其走向与某一坐标轴基本平行，并利用该坐标轴进行断面切割。

（2）将隧道点云数据投影到水平面上，转化为二值图像，并利用图像中提取的中轴线在水平面的投影曲线来切割断面。这两种方法由于只考虑了隧道在水平面的姿态，因此需要后期调整算法来提高断面提取的精度，以确保其与隧道完全正交。

（3）直接基于设计中轴线进行横断面的截取。由于设计数据获取较为困难，这种方法的应用受到一定的限制。

（4）将隧道点云数据投影到两个平面上，采用数学方法提取空间中轴线并进行断面切割。该方法综合考虑了隧道在水平和竖直方向的姿态，从而提高了断面的准确性。

（5）将隧道点云数据投影到水平面，并计算中轴线在该平面上的投影点集，以获取最终的空间中轴线；然后以中轴线为基础，采用投影法构建断面点集。

此外，还提出了一种迭代椭圆拟合去噪方法，该方法在去除断面噪声的同时能够拟合出断面线。然而这种方法存在一些不足之处。首先，原始的隧道点云数据中包含许多非隧道壁上的点，因此在提取隧道中轴线时，使用随机抽样一致性算法进行曲线拟合会导致一定的误差，从而影响断面提取的精度。其次，虽然后期的断面去噪方法能够有效去除非隧道壁的噪声，但采用单一阈值时，可能在去除噪点的同时也会误删某些细微的形变点。

隧道监测系统中使用的激光扫描仪是Z+FPROFILER9012。该激光扫描仪是一款高速相位激光扫描仪，可以进行360°旋转。扫描仪扫描速率最大可超过每秒150万点，最大扫描速度达每秒200转。当目标距离扫描仪25～119m，其相对精度为亚毫米级。激光扫描仪与小车车体经设计以确保推动方向平行于激光扫描仪的光轴。控制单元对激光扫描仪、里程表、GPS和IMU全部传感器进行工作控制，时间同步和数据存储。小车适用于标准尺寸为1435mm的高铁和地铁轨道，可在短时间内进行组装和拆卸。

虽然经过调整机械结构后，激光扫描仪的轮廓截面可以近似地看作与隧道的横截面平行，但仍然存在误差。下面将详细分析误差来源及其影响。误差来源是螺旋轮廓的误差。*EF*是激光扫描仪在隧道中的运动轨迹线，O是激光扫描仪棱镜中心，线段*CD*是由激光扫描仪测量横截面的直径，而线段*GH*是隧道横截面的实际直径。螺旋误差是由于*CD*和*GH*不重合造成的，它可以通过式（5-45）计算出来。公式中，*V*是螺旋轮廓的误差，*R*是隧道的半径，*L*是螺旋线螺距的四分之一。激光扫描仪工作转速200rad/s，RMMS的前进速度为2m/s。因此，图5-22中作为线段*AB*的螺旋线的间距是0.01m，因此该图中的线段*DH*是0.0025m。通常地铁隧道的半径为2.7m。根据

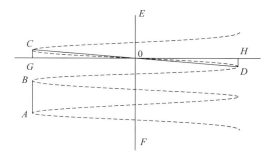

图 5-22 误差分布图

公式，$V=0.0012$mm。由此得出结论，螺旋轮廓的误差可以忽略不计。

$$V = \sqrt{R^2 + L^2} - R \qquad (5-45)$$

在正常情况下，无论是在直线段还是转弯段，铁轨通常与隧道保持平行。然而在转弯区域，可能会出现微小的位置误差，这会导致铁轨与隧道之间产生角度偏差，最终影响横截面轮廓的准确性。轨道与隧道之间的角度偏差可以通过式（5-46）计算出来，其中 θ 是偏差角，R_T 是隧道的转弯半径，D_{dev} 是轨道在隧道中的位置误差。假设铁轨 position 的位置误差为 0.1m，由于要仔细调整铁轨的位置，因此 0.1m 是一个相当大的数字。根据地铁隧道的原始设计，其转弯半径为 $R_T=2000$m。在此条件下，图 5-22 中实际轮廓 AB 与最佳横截面 CD 之间的角度偏差 0.5 应为 0.57°。然后可以通过式（5-47）计算来自轨道位置误差的误差。在该方程式中，P_{error} 是来自轨道位置误差的误差，r_t 是漏斗的半径，θ 是由式（5-46）计算出的偏差误差。如果隧道半径为 2.7m，则 P_{error} 为 0.13mm。因此，也可以忽略隧道转弯区域的铁轨位置误差引起的误差。

$$\theta = \arccos\left(\frac{R_T}{R_T + D_{dev}}\right) \qquad (5-46)$$

$$P_{error} = r_t\left(\frac{1}{\cos\theta} - 1\right) \qquad (5-47)$$

为了精确拟合隧道的横截面，本节提出了一种逐步椭圆拟合方法。首先，在进行小波滤波后，采用 Taubin 椭圆拟合方法将截面点拟合成椭圆。椭圆的方程以及半长轴和半短轴可以通过式（5-48）～式（5-52）计算得到。接着，计算截面点与拟合椭圆之间的距离，剔除距离超过 0.01m 的点。剩余的横截面点将经历多次椭圆拟合和距离剔除的迭代，直到没有点被排除，最终得到的椭圆即为隧道的横截面。逐步椭圆拟合方法如图 5-23 所示。图 5-23 中红点表示与拟合椭圆的距离大于 0.01m 的被排除点，蓝点是椭圆的拟合点，绿环是拟合椭圆的一部分，紫色部分是椭圆的主轴。此隧道原始设计为半径 2.7m 的圆形，拟合椭圆的长轴为 5.5704m，短轴为 5.3356m。该横截主轴比原始设计长 0.1704m。

$$Ax^2 + Bxy + Cy^2 + Dx + Ey + 1 = 0 \qquad (5-48)$$

$$X_c = \frac{BE - 2CD}{4AC - B^2} \qquad (5-49)$$

$$Y_c = \frac{BD - 2AE}{4AC - B^2} \qquad (5-50)$$

$$a^2 = \frac{2\left(AX_c^2 + CY_c^2 + BX_cY_c - 1\right)}{A + C + \sqrt{(A-C)^2 + B^2}} \qquad (5-51)$$

$$b^2 = \frac{2\left(AX_c^2 + CY_c^2 + BX_cY_c - 1\right)}{A + C - \sqrt{(A-C)^2 + B^2}} \qquad (5-52)$$

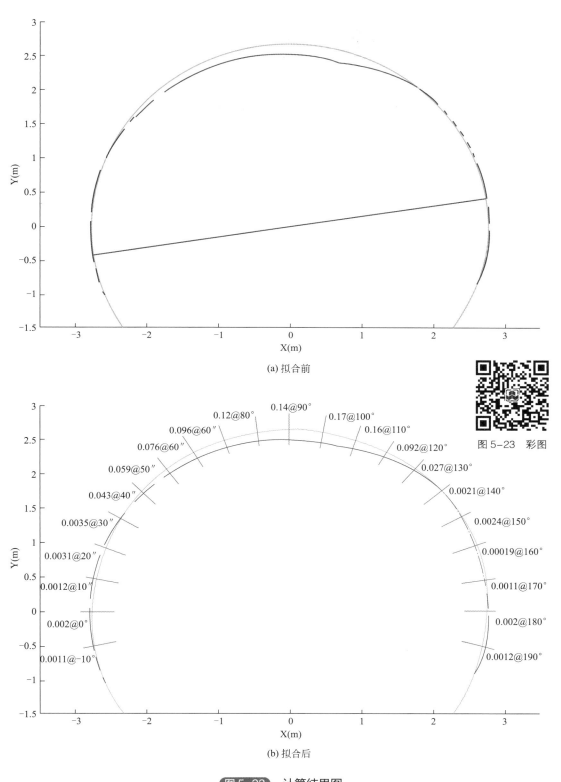

(a) 拟合前

图5-23　彩图

(b) 拟合后

图 5-23　计算结果图

经过椭圆拟合后，还可以算出隧道的局部变形。为了获得精确的局部变形，绘制了从椭圆中心开始的辅助线。变形值等于距辅助线最近的点与椭圆之间的距离。隧道在不同角度的局部变形如图5-23所示。变形是从 $-10° \sim 190°$ 每 $10°$ 顺时针计算的。红色线段是辅助线，辅助线的变形值和角度标记在附近。从图5-23中可以看出，在此部分中，隧道的顶面遭受的变形高达0.17m。

2. 基于灰度图的环片自动识别

基于灰度图的自动识别方法分为图像二值化和求灰度梯度两步，具体流程如下所示：

（1）图像二值化

根据生成的灰度影像图进行灰度化，再进行二值化，设置阈值，在阈值中大于阈值的像素值将变为1（白色部分），小于阈值的像素值将变为0（黑色部分）。过滤掉灰度值较小的部分区域。再沿图像 X 方向在选定区域做梯度最大值。图像的二值化是将图像上的像素点的灰度值设置为0或255，也就是将整个图像呈现明显的黑白效果[54-57]。

通过适当的阈值选择，可以将256个亮度等级的灰度图像转换为仍能反映整体和局部特征的二值化图像。首先，二值化有助于简化图像并减少数据量，从而突出感兴趣目标的轮廓。其次，在进行二值图像处理与分析之前，需要将灰度图像转换为二值图像。在这一过程中，所有灰度值大于或等于阈值的像素被标记为特定物体，其灰度值设为255；而其他像素则被排除在物体区域外，灰度值设为0，表示背景或其他异常区域[58-60]。

经过二值化处理的隧道灰度图像显著减少了环片自动识别的区域，从而提高了后续灰度梯度最大值检测的效率，成为环片自动识别过程中的重要环节[58]。

（2）求灰度梯度

把图像看成二维离散函数，灰度梯度是二维离散函数的导函数，用差分代替微分，解算图像的灰度梯度。常用的一些灰度梯度模板有Roberts梯度、Sobel梯度等[61-63]。对一幅数字图像 $f(x, y)$，其梯度计算公式为：

$$\nabla f(x, y) = \frac{\partial f(x, y)}{\partial x} + \frac{\partial f(x, y)}{\partial y} \tag{5-53}$$

由于数字图像是离散的二维图像，故用差分代替微分：

$$\begin{aligned} \nabla f(x, y) &= dx(x, y) + dy(x, y) \\ dx(x, y) &= f(x, y) - f(x+1, y) \\ dy(x, y) &= f(x, y) - f(x, y+1) \end{aligned} \tag{5-54}$$

梯度模为：

$$\left| \nabla f(x, y) \right| = \sqrt{\left[f(x, y) - f(x, y+1) \right]^2 + \left[f(x, y) - f(x+1, y) \right]^2} \tag{5-55}$$

在环片自动识别过程中，沿 X 轴方向（隧道监测系统推行方向）计算每个像素间做灰度梯度函数 $dx(x, y) = f(x, y) - f(x+1, y)$，得到灰度梯度最大值。最后对每一帧进行统计，梯度最大值像素数量最多的一帧即为环片缝所在位置。

3. 隧道拟合分析

管片中心位置为环片中心左右间距300mm的部分，对于1.2m或1.5m的环片都可以剔除管片的内凹螺丝孔，整个范围内的管片较为平整和光滑，其隧道内壁的变化量小于3mm，可以进行管片拟合分析，如图5-24所示。

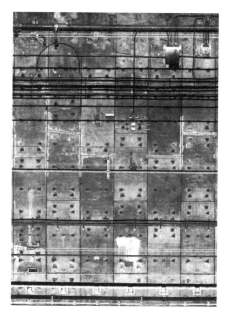

图5-24　隧道内壁局部放大图

盾构隧道的实际管片存在多种变形情况，隧道受力较大的变形主要是顶部受力挤压变形和左右两侧受力挤压变形。顶部挤压变形使管片上下受力较大，造成管片的左右两侧距离变大，管片的上下距离变小，一些顶部变形较大的情况，会存在局部塌陷情况，造成顶部区域存在局部变形或管片脱落情况；左右两侧受力挤压变形造成管片拱起现象，管片的两侧距离变小，上下距离变大，也易造成管片脱落情况。

盾构隧道管片长期挤压变形后得到的是不规则的变形，更多地倾向于带有偏转角椭圆形状，因此，将管片拟合圆柱或圆柱体，通过拟合圆柱或圆柱体的长轴、短轴、水平轴和偏转角来反映单个管片的实际变形情况。具体计算过程如下所示：

（1）点云旋转

轨道小车在轨道推行过程中采集的点云坐标是相对于轨道面的，在转弯处轨道面倾斜，整体获得点云相对于地面也是倾斜的，因此需要根据惯导数据将点云信息转换到真实世界，以消除轨道倾斜造成的影响。

（2）点云选取

单个管片中心区域拟合椭圆柱体时间较长，对于整个区间的管片耗时时间较长，由于支架、电气设备安装的高度位置位于椭圆的水平轴位置，支架和电气设备安装的前进位置往往不固定，支架在隧道内壁的分布范围较广，切入支架的点云和未切入支架的点云拟合结果的差别大于1mm，而且安装与中心轴位置也会对拟合结果的中心轴造成偏差，选取单圈点云无法避免上述情况的出现。同时，单圈点云也无法反映单个管片的变化情况，选取多圈点云拟合，可以避免上述情况，但是多圈点云之间会存在细微的错位和差别，造成拟合结果失准，因此选定等间距选取单圈点云进行拟合，选择拟合最优值的方法作为单个管片的拟合结果，既可以避免支架和电气设备的干扰，又可以避免点云错位的干扰。

（3）点云过滤和拟合

单圈点云存在疏散平台、电线、接触网、支架和消防管道干扰，因此需要去噪处理，如图5-25所示。

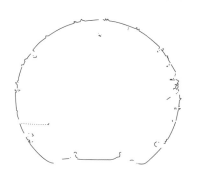

图5-25　隧道二维图

获得单圈点云之后，可能会存在较远距离的噪点，需要根据点的密度信息或距离信息对点云进行初过滤。单圈点云存在轨道信息，而轨道信息不参与拟合，需要根据角度信息过滤掉轨道信息。剩余的点云进行分段拟合，初步选取单圈环片的中间位置，将点云平均分割成四部分，然后对点云进行圆拟合，得到四个拟合结果的中心和半径，根据半径和中心位置对点云进行过滤，能够很好地过滤点云上的管道和支架信息。

点云上的管线紧紧贴合隧道壁，较难滤掉点云信息，通过最小二乘法拟合椭圆初步得到拟合椭圆的长轴、短轴和偏转角信息，根据拟合椭圆进行距离阈值的再次过滤，可以较好地去除隧道壁的管线。再次拟合点云即可得到真实的拟合结果。重复上述操作，直到选取的多圈点云都完成计算，将多圈点云的水平轴的结果进行排序，选取中值作为单个管片的最优结果。同时选取该圈过滤后的点云的距离信息与拟合椭圆的距离进行标准差计算，能够得到拟合结果的标准差，用于评价拟合结果好坏的标志。

水平轴是人工现场验证结果的重要标志，因此，需要将水平轴附和到隧道内壁，水平轴附近的点云较为密集，可以选择拟合直线的形式来估算水平轴的大小。但是水平轴存在有点云和无点云的情况，所以选择合适范围的点云进行拟合直线能够更好地表达水平轴的情况，而当水平轴附近没有点云时，则不拟合，选择拟合的结果作为水平轴的结果。隧道拟合结果记录序号、里程、环号、椭圆长轴、椭圆短轴、偏转角［X轴正方向与长轴的夹角，范围为（-90°～+90°）］，水平直径，椭圆度，差值（隧道水平直径与隧道设计直径的差值，标准差记录该管片拟合的好坏，如图5-26所示。

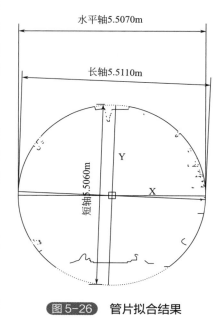

图5-26 管片拟合结果

4. 盾构隧道椭圆度

隧道的椭圆度的计算公式如下：

$$T = \frac{a-b}{D} \tag{5-56}$$

其中，T表示椭圆度，a表示椭圆的长轴，b表示椭圆的短轴，D表示隧道设计直径。

椭圆度表示隧道的整体变形情况，当椭圆度较小时，表示隧道整体形状与圆重合，当椭圆度较大时，表示隧道整体形状更偏离圆，验收时的隧道椭圆度要求小于5‰。

5. 隧道渗漏水检测

由于激光雷达对水呈现镜面反射的效果，获得的反射强度几乎为零，所以隧道的灰度图中不规则的黑色图形对应的区域即可为隧道的渗水区域，如图5-27所示，黑色区域为通过手动标记的渗水。

手动标记
的渗水

图 5-27　渗漏水监测结果

渗水的结果包含序号信息、里程信息、环号信息、病害类型、角度信息和渗水面积信息。可以通过查表的形式，确认整个区间的病害情况，确定病害的里程位置、管片信息、角度信息和渗水面积，能够及时有效地发现渗水面积较大的区域并及时处理。

6. 隧道错台分析

错台分析为管片与管片拼装的错位情况，管片缝在拼装过程中不是精准的直线，为避免单圈点云切入管片缝，选取距离管片缝100mm左右的点云，既可以避免切入管片缝，也可以避免进入内凹螺丝孔区域，还能真实地反映管片的拼装状况，如图5-28所示，红色表示为小里程点云，黑色表示为大里程点云。

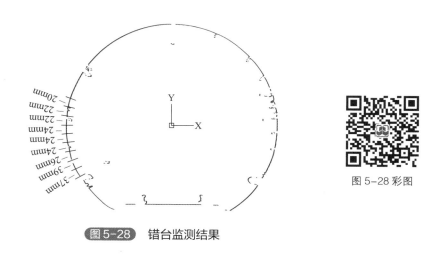

图 5-28 彩图

图 5-28　错台监测结果

错台分析一般做法是将每一圈点云平均分成72份，每5°作为一个分割点，标记该区域内的错台量，但是受单圈点云存储支架和管线影响，单个5°区域其值往往为支架、电气设备和管线的错位量，极易造成误判，因此选取连续3个区间大于20mm的错台作为输出结果可以避免上述情况的出现，准确地表达管片的错位量。

（1）点云配准

获取的两圈点云会存在错位现象，需要对点云进行匹配，使点云重合在一起。根据左右轨道的刚性特征，可以确定轨道的中心点；根据中心点的位置信息，可以将两圈点云叠合一起。

由于轨道的上部无遮挡，可以确定轨道顶部的大致范围，根据轨道顶部的范围向下偏移一定的距离，可以提出轨道腰部的点云，将获得点云与真实的轨道点模型进行匹配，可以得到轨道中心的坐标。重复上述操作，直到两圈点云都完成匹配，获得轨道中心点坐标，将点云进行偏置，即可将点云叠合在一起。

（2）点云过滤

点云过滤的方法与拟合的方法相同，将过滤后的点云进行椭圆拟合，可以得到椭圆的中心点，根据中心点可以将点云按每5°进行分割，通过计算两圈点云每个角度的差值可以得到管片在各个角度的错位量，最终将连续3个区间角度大于20mm的错台作为输出结果。

7. 限界检测

对于限界检测，采取的方案是以路基与隧道壁之间的台阶边为建筑限界边缘，通过尺量与设备测量的数据进行对比来检测限界测量的精度。设备量测的结果如图5-29所示，为2219.8mm，两者差值为2.7mm。

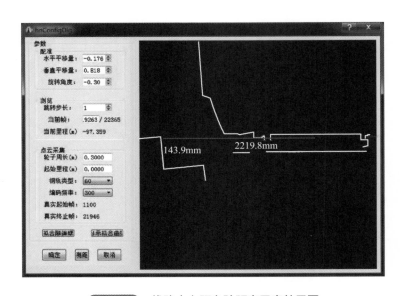

图 5-29　线路中心距台阶距离示意效果图

同时，对限界尺寸表进行了提取，表5-1给出了检测隧道34.30m处的限界尺寸表。由于沿着前进方向上点云的分辨率在4～7mm，因此在提取限界尺寸表时，理论提取的最小间隔可以达到1cm。

界限尺寸表 表 5-1

序号	离轨面高度（mm）	左侧（mm）	右侧（mm）
1	400	4121.2	—
2	600	4186.7	—
3	800	4241.7	—
4	1000	4293.6	—
5	1200	4338.3	8768.1
6	1400	4377.3	8805.1
7	1600	4409.8	8839.7
8	1800	4272.2	8868.6
9	2000	4456.2	8889.6
10	2200	4470.2	8904.4
11	2400	4478.4	8914.8
12	2600	4269.9	8917.5
13	2800	4473.9	8916.2
14	3000	4463.6	8907.5
15	3200	4447.7	8893.2
16	3400	4424.5	8872.3
17	3600	4396.2	8845.2
18	3800	4361.1	8782.1
19	4000	4319.1	8775.2
20	4200	4187.1	8730.0
21	4400	4212.7	8677.8
22	4600	4149.4	8619.4
23	4800	4098.8	8554.1
24	5000	4032.7	8481.5
25	5200	3960.5	8400.2
26	5400	3880.2	8313.2
27	5600	3790.9	8213.4

8. 隧道衬砌裂缝提取

对提取的隧道衬砌横断面采用小波变换法去除干扰点，并将衬砌横断面与标准衬砌模型进行配准，以计算出隧道衬砌的精确圆心。根据衬砌裂缝的特征（裂缝在衬砌表面向外凸出，从隧道内向外观察），提取裂缝疑似点，如图5-30中黑色三角形所示。这样可以将原始衬砌横断面划分为三部分：红色的正常点、黑色的干扰点以及黑色的裂缝点[64]。

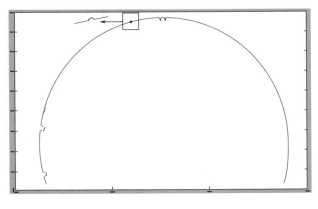

图 5-30 彩图

图 5-30 线路中心距台阶距离示意效果图

　　将连续隧道衬砌横断面输入三维可视化软件中后，依据点的类型进行着色，其中蓝色点代表干扰点，红色点表示衬砌表面正常点，绿色点则为疑似裂缝点。图 5-31 展示了真实裂缝的存在，同时显示了许多散乱分布的疑似裂缝点。通过设定裂缝区域的长度和宽度，可以去除这些散点。然而在某些情况下，散点可能会成片出现，例如图 5-32 左侧显示的轨顶面连续的疑似裂缝点。换个角度看，图 5-32 右侧的视角显示，这些成片的绿色点深度较大，远超正常裂缝的深度，因此可以通过深度分析将其排除（图 5-32 右侧的蓝色点云表明，这些点是由于安装线缆和固定架而形成的坑）。

图 5-31 彩图

图 5-31 裂缝提取

图 5-32 彩图

图 5-32 裂缝干扰点

将每个断面的点分类识别完成后，将连续的断面连接在一起，采用K-means聚类方法可以将疑似裂缝点合并成裂缝疑似区域。接下来，通过裂缝区域的长度、宽度和深度等特征，可以与其他相似特征的裂缝进行简单区分。图5-32中，被圆圈标记的两个点属于真实裂缝，其余的则为干扰点。

K-means是一种典型的基于原型的硬聚类算法，其目标函数基于欧几里得距离，用于优化某个初始聚类中心向量的分类[65, 66]。算法的步骤如下：

（1）从 N 个对象中随机选择 k 个作为初始质心。

（2）计算每个剩余对象与所有质心的距离，并将其归类到最近的质心对应的类别中。

（3）更新分类结果，并重新计算新的质心。

（4）重复第2步和第3步，直到新的质心与原质心相等或差异小于设定的阈值，算法结束。

K-means算法简单易懂，其核心在于初始聚类中心的选择。在使用K-means聚类算法之前，需先提取连续的疑似裂缝区域，并对其长度和宽度设定限制，以去除散点干扰，这将显著减少初始聚类中心的数量。同时，在聚类迭代过程中限制聚类半径的扩展，既能防止散点被错误地归入邻近的裂缝区域，又能确保不遗漏中间有小断裂的裂缝部分。

图5-33为提取到的衬砌裂缝结果，黄色区域表示隧道中的裂缝区域，由于裂缝的变化规律不一，多沿环片缝方向延伸。依据规律，可在灰度图确定隧道的裂纹。

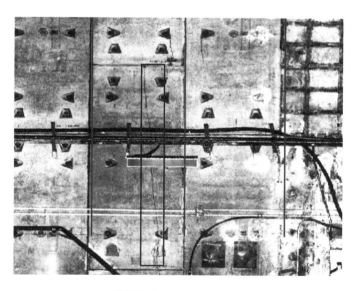

图 5-33 彩图

图 5-33 裂缝检测结果

裂缝的结果包含序号信息、里程信息、环号信息、病害类型、角度信息和裂缝长度信息，可以通过查表的形式，确认整个区间的裂缝情况，及时处理裂缝长度较大的区域。

5.4 典型案例分析

5.4.1 苏州轨道交通5号线荷花荡至黄天荡站智能施工检测

随着轨道交通建设的持续推进，地铁隧道的限界测量、断面测量、变形监测以及三维地理信息系统正受到城市规划、建设和地铁管理部门的高度关注[67-68]。由于地铁内部空间的限制和管理的复杂性，传统的运营监测方法往往需要耗费大量时间，难以在规定的时间内完成。为了适应城市规划以及地铁管理部门对地铁水平收敛测量、错台监测、限界监测、隧道高清影像、渗漏水检测的迫切要求，开展隧道内三维激光扫描可以在短时间内得到有效数据信息，为地铁管理相关部门决策提供数据支持。下面以苏州轨道交通5号线荷花荡至黄天荡站施工质量智能检测为例进行阐述。

1. 项目概况

5号线包括主线线路44.082km，胥口车辆段各单体建筑物、唯亭北停车场各单体建筑物、黄天荡控制中心、34座车站及附属结构（含各出入口、风亭等）。主线33座车站为地下车站，1座车站为地面车站。在该工程施工过程中，在以下两个路段荷花荡–黄天荡上行路段，隧道里程K24+629.283-K24+995.302，共302个环片，全长0.37km；荷花荡–黄天荡下行路段，隧道里程K24+629.287-K24+995.352，共300个环片，全长0.37km；采用移动三维激光扫描和智能软件系统进行了施工质量检测（图5-34）重点分析了地铁隧道的逐环直径收敛、椭圆度分析、错台分析、渗漏水检测、限界分析、环片衬砌脱落分析、裂缝分析等调查成果。

图5-34　现场扫描概况

2. 地铁检测方法应用实施流程

检测采用轨道小车进行作业，考虑到三维移动测量系统自身的转速200rad/s，为充分满足隧道检测精度，采集车速建议控制在10km/h以内。

（1）主要技术参数（表5-2）

技术参数表　　　　　　　　　　　　　　　表5-2

设备参数	数据
测程	370m
激光发射频率	100万点/s
陀螺仪零偏	≤ 0.001°/h
扫描角分辨率	0.0088°
角速度测量范围	±400°/s
扫描角度	360°

续表

设备参数	数据
检测速度	≤ 10km/h
环境适应性	使用温度：-10～50℃，湿度：0～95%

（2）外业内业流程

在地铁运营监测过程中，为评价地铁结构的稳定性，需要分阶段多次实施高精度工程测量。目前地铁项目运营监测主要方法是利用全站仪、水准仪和GPS等设备人工监测。传统监测方案主要存在作业效率低、作业周期长的缺点。如何利用新型测量技术实现测量过程的自动化和测量成果快速输出，成为轨道运营监测关注的焦点。

运营监测使用的是移动式的三维激光扫描设备，系统主要集成：① GNSS/惯性导航单元（IMU），DMI组合定位定姿系统；② 3D激光扫描仪；③ CCD全景相机；④ 多传感器同步控制单元；⑤ 嵌入式计算机以及电源供电系统等设备。

组建高精度地铁监测与测量平台，在同步控制单元的协调下使各个传感器之间实现时空同步，快速采集隧道的全断面时空数据[69, 70]。

在外业数据采集方面，结合前期各方面条件综合考虑，针对苏州地铁实际情况制定的外业实施过程如下：

1）硬件系统调试：硬件系统调试主要包括高精度移动测量系统的安装和调试、硬件设备的检查以及惯性导航的校准等工作。

2）参数设置：考虑到地铁在运营期间的实际工作环境，为了确保最大采样覆盖率，建议将行驶速度控制在10km/h以内。因此，本次测试的相关参数设置如下：扫描频率为1000kHz，扫描仪转速为200rad/s，编码器每转产生1000个脉冲，车辆行驶速度保持在10km/h以内。

3）数据采集操作流程：

① 进行扫描设备组装，设备电源上电，开机连接设备Wi-Fi；

② 打开采集软件—正式工程数据采集：设备静止情况下点击新建工程（Z+F扫描仪参数设置，挡位设置为5挡位），设备静止5min完成惯导的初始化，静止完成后预备测站—开始测站，扫描仪旋转稳定后（点云数据开始增长），人工平稳推进，到达采集目的地，设备停稳后，结束测站；

③ 如果需要继续前进工程点云数据采集，则再次点击开始测站，扫描仪旋转稳定后再次匀速前进，到达采集目的地，设备停稳后，结束测站；

④ 如果已经到达当前行进方向终点，保证设备静止，点击结束工程—静止，设备静止5min（看倒计时时间），完成后可以进行设备掉头、更改采集线路等操作。如果已经完成采集任务，需要拆卸设备，则先点击关闭设备，等待2min，再进行设备断电。

内业数据处理方面，搭建智能化数据处理软件平台，以点云和图像等数据为输入，集点云处理、隧道结构参数解算、隧道病害提取功能于一体，输出隧道点云、隧道结构化参数以及病害的里程信息。软件处理流程图如图5-35所示。

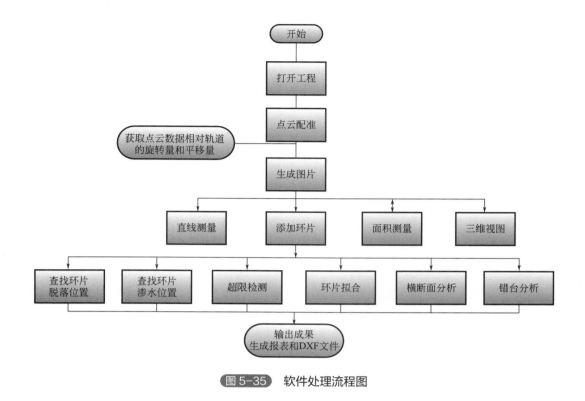

图 5-35　软件处理流程图

　　该软件对高精度激光雷达的点云数据进行处理，得到包含可量测和带有里程信息的高精度灰度图及深度图，可实现对隧道环片的脱落检测、渗水检测、车辆超限检测、逐环直径分析和横断面分析等，其界面如图5-36所示。

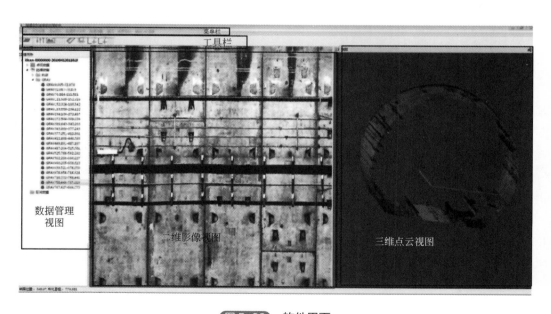

图 5-36　软件界面

3. 检测结果分析与处理

（1）地铁隧道三维点云成果及灰度正射影像图（图5-37、图5-38）

通过融合解算得到隧道三维点云成果和正射灰度影像图，并提交点云成果对比精度报告，同时输出点云正射影像图及三维点云数据。通过隧道的正射灰度影像图，可以得到隧道内整体情况和隧道内细节数据。

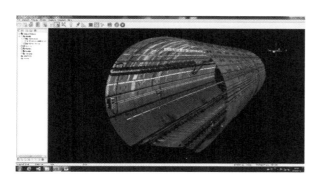

图5-37　隧道点云

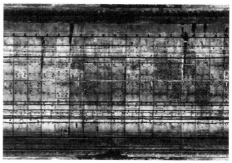

图5-38　隧道正射影像图

（2）隧道逐环半径收敛成果（图5-39）

利用轨道交通移动测量系统以≤10km/h的速度采集隧道区间的数据，通过逐环管片统计隧道直径，输出逐环直径收敛成果报表。

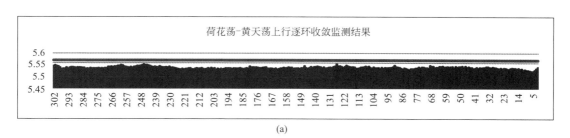

(a)

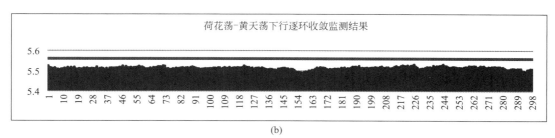

(b)

图5-39　隧道区间水平收敛结果

以荷花荡－黄天荡区间为例，对比上行和下行的扫描结果情况如表5-3所示。

扫描结果表 表5-3

线别	环数	扫描时间	$S < 60$	$60 \leq S < 70$	$70 \leq S < 80$	$80 \leq S < 100$	$100 \leq S$	单环最大变化量 Δ（新-旧）	最大值（mm）	平均值（mm）
上行	302	2021.01	302	0	0	0	0	4.2mm 第217和第14环	44.5（246环）	21.60
		2023.10	302	0	0	0	0		44.6（246环）	21.78
下行	300	2021.01	300	0	0	0	0	4.4mm 第158环	32.3（225环）	17.68
		2023.10	300	0	0	0	0		33.5（245环）	18.98

利用扫描得到的点云数据拟合各环片椭圆，分析得到区间上行各个环片的收敛值，分别以60mm、70mm、80mm、100mm为参考值，得到各参考值之间环片所占总环片的比例如图5-40所示。

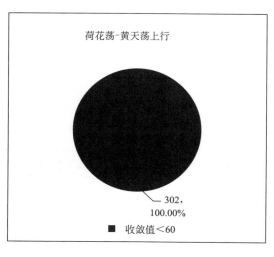
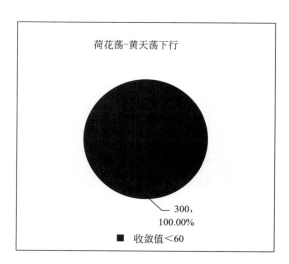

图5-40 不同参考值对应环数所占比例

区间上下行不同参考值对应的具体个数如下：

荷花荡-黄天荡区间上行：收敛值<60mm，302个环片。

荷花荡-黄天荡区间下行：收敛值<60mm，300个环片。

荷花荡-黄天荡区间上行变化量统计（图5-41）：|变化量|<3mm，269环；3mm≤|变化量|<5mm，33环。

荷花荡-黄天荡区间下行变化量统计（图5-41）：|变化量|<3mm，282环；3mm≤|变化量|<5mm，18环。

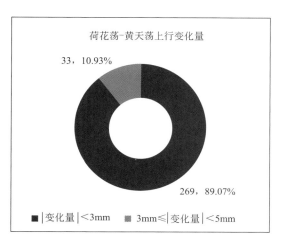
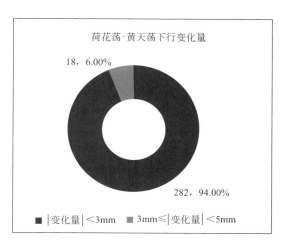

图 5-41　变化量统计结果

扫描地铁区间得到的收敛数据如表5-4、表5-5所示，分别表示逐环收敛值对应的环号、里程、椭圆长轴、偏转角、水平直径、椭圆度及差值。其中，椭圆长、短半轴表示利用点云拟合标准椭圆对应的长短半轴；偏转角表示椭圆长轴与水平方向的夹角，面向大里程方向，椭圆长轴按照逆时针旋转为正，椭圆长轴按照顺时针旋转为负；水平直径为经过圆心的水平线到环片两侧的真实距离；椭圆度表示该拟合标准椭圆的椭圆度［计算方法：（长轴－短轴）/标准轴］；差值为椭圆长轴和标准直径的差值。

荷花荡－黄天荡部分上行收敛成果　　　　　　　　　　　　　　表 5-4

序号	里程	环号	椭圆长轴（m）	偏转角（°）	水平直径（m）	椭圆度（‰）	差值（mm）	备注	预警值（mm）	控制值（mm）	是否预警
1	K24+629.283	302	5.5313	−5	5.5269	9.3	31.3	超过6‰	74.8	94.8	否
2	K24+630.483	301	5.5367	11	5.5311	11.1	36.7	超过6‰	80	100	否
3	K24+631.716	300	5.5298	−6	5.5274	8	29.8	超过6‰	73.3	93.3	否
4	K24+632.946	299	5.5292	7	5.5249	9.1	29.2	超过6‰	72.7	92.7	否
5	K24+634.181	298	5.5257	16	5.518	7.9	25.7	超过6‰	69.2	89.2	否
6	K24+635.412	297	5.5173	16	5.509	6.1	17.3		60	80	否
7	K24+636.638	296	5.5155	0	5.512	4.7	15.5		60	80	否
8	K24+637.866	295	5.5224	−21	5.5121	6	22.4		60	80	否
9	K24+639.094	294	5.5291	−23	5.5185	9.7	29.1	超过6‰	72.6	92.6	否
10	K24+640.322	293	5.5183	−25	5.51	5.9	18.3		60	80	否
11	K24+641.543	292	5.5239	−7	5.5175	7.5	23.9	超过6‰	67.4	87.4	否
12	K24+642.770	291	5.5239	1	5.5202	8.5	23.9	超过6‰	67.4	87.4	否

荷花荡 – 黄天荡部分下行收敛成果   表 5-5

序号	里程	环号	椭圆长轴（m）	偏转角（°）	水平直径（m）	椭圆度（‰）	差值（mm）	备注	预警值（mm）	控制值（mm）	是否预警
1	K24+629.287	1	5.5317	-9	5.5255	10.7	31.7	超过6‰	75.2	95.2	否
2	K24+630.484	2	5.5229	-19	5.5169	7.4	22.9	超过6‰	66.4	86.4	否
3	K24+631.708	3	5.52	-16	5.515	7.3	20	超过6‰	63.5	83.5	否
4	K24+632.941	4	5.5194	-25	5.5119	6.1	19.4		60	80	否
5	K24+634.167	5	5.5206	-15	5.5158	7.6	20.6	超过6‰	64.1	84.1	否
6	K24+635.386	6	5.5166	-24	5.5099	4.3	16.6		60	80	否
7	K24+636.610	7	5.5147	-21	5.5092	4.1	14.7		60	80	否
8	K24+637.835	8	5.5109	-17	5.5069	2.5	10.9		60	80	否
9	K24+639.053	9	5.5101	9	5.5102	1.8	10.1		60	80	否
10	K24+640.269	10	5.5106	13	5.5111	1.7	10.6		60	80	否
11	K24+641.490	11	5.5139	16	5.5144	8.7	13.9		60	80	否

（3）隧道渗漏水检测

通过对数据进行分析，可提取隧道渗水区域的位置及面积。得到的渗水数据如表5-6、表5-7所示，分别表示渗漏水区域中心位置所在的环号、里程、角度及渗水面积。其中，角度表示面向小里程方向，顶部为0°，按照顺时针方向增大。

荷花荡 – 黄天荡上行渗漏水检测结果   表 5-6

线别	苏州地铁5号线		上/下行	上行
线路区间	荷花荡 – 黄天荡		里程桩号	K24+629.283–K24+995.302
检查日期	2023.12		制表	
序号	里程	环号	病害类型	角度（°）	渗水面积（m²）
1	K24+693.172	250	渗水区	84	0.47
2	K24+772.919	185	渗水区	50	0.129
3	K24+796.222	166	渗水区	25	0.171

荷花荡 – 黄天荡下行渗漏水检测结果   表 5-7

线别	苏州地铁5号线		上/下行	下行
线路区间	荷花荡 – 黄天荡		里程桩号	K24+629.287–K24+995.352
检查日期	2023.12		制表	
序号	里程	环号	病害类型	角度（°）	渗水面积（m²）
1	K24+631.708	3	渗水区	272	0.064

续表

线别	苏州地铁5号线			上/下行	下行
线路区间	荷花荡－黄天荡			里程桩号	K24+629.287–K24+995.352
检查日期	2023.12			制表	
序号	里程	环号	病害类型	角度（°）	渗水面积（m²）
2	K24+632.941	4	渗水区	299	0.076
3	K24+686.678	48	渗水区	284	0.286
4	K24+779.419	124	渗水区	228	0.308
5	K24+814.912	153	渗水区	240	0.286
6	K24+821.053	158	渗水区	236	0.335
7	K24+822.281	159	渗水区	225	0.024
8	K24+824.740	161	渗水区	228	0.039
9	K24+828.422	164	渗水区	228	0.18

（4）错台分析

利用相邻两环片的断面图，以轨道中心为基准相互叠加得到两环片相对位置变化情况，从而得到沿轨道方向的错台变化（图5-42、图5-43）。

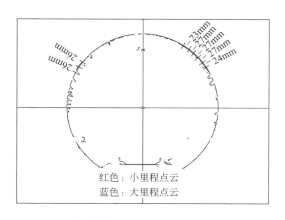

红色：小里程点云
蓝色：大里程点云

图 5-42　错台分析示意图

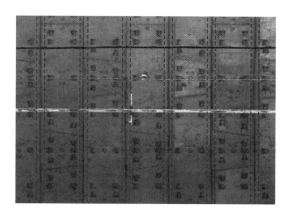

图 5-43　错台断面截取示意图

以错台10mm为边界，筛选得到所有错台大于10mm的环片位置、错台弧长、错台位置、错台量。根据错台量的不同分别以10～15mm、15～20mm、20mm以上为限界进行统计分析，筛选数据成果如图5-44所示。

图 5-42 彩图

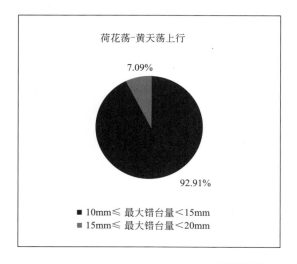
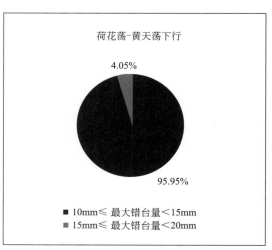

图 5-44　错台统计饼状图

荷花荡-黄天荡区间上行：10mm ≤ 最大错台量 < 15mm，118个；15mm ≤ 最大错台量 < 20mm，9个。

荷花荡-黄天荡区间下行：10mm ≤ 最大错台量 < 15mm，71个；15mm ≤ 最大错台量 < 20mm，3个。

通过对隧道点云分析，可提取隧道错台区域的位置及错台量。得到的错台数据如表5-8、表5-9所示，分别表示错台位置所在的环号、错台两侧对应的里程、错台角度、错台弧长及最大错台值。其中，错台角度表示错台位置对应的角度值，角度表达方式为面向小里程方向，顶部为0°，按照顺时针方向增大；错台弧长表示错台位置对应的长度；最大错台量表示该环的错台的最大值。

荷花荡－黄天荡部分上行错台成果　　　　　　　　　　表 5-8

序号	环号	环片宽度（m）：1.2	隧道内半径（m）：	2.75	两点间最大间隔（mm）	10
		环片左侧里程	环片右侧里程	起止角度（°）	错台弧长（m）	最大错台量（mm）
1	301|302	K24+629.933	K24+629.833	305 ～ 75	6.24	17
2	301|302	K24+629.933	K24+629.833	80 ～ 110	1.44	12.6
3	301|302	K24+629.933	K24+629.833	225 ～ 265	1.92	17.6
4	300|301	K24+631.166	K24+631.066	100 ～ 120	0.96	13.2
5	300|301	K24+631.166	K24+631.066	225 ～ 270	2.16	15.4
6	296|297	K24+636.088	K24+635.988	235 ～ 255	0.96	12.4
7	295|296	K24+637.316	K24+637.216	225 ～ 260	1.68	12.6
8	294|295	K24+638.544	K24+638.444	325 ～ 345	0.96	10.4
9	293|294	K24+639.772	K24+639.672	260 ～ 275	0.72	11.2

续表

序号	环号	环片宽度（m）：1.2	隧道内半径（m）：	2.75	两点间最大间隔（mm）	10
		环片左侧里程	环片右侧里程	起止角度（°）	错台弧长（m）	最大错台量（mm）
10	293|294	K24+639.772	K24+639.672	330～350	0.96	10.9
11	275|276	K24+661.897	K24+661.797	350～40	2.4	11.5
12	274|275	K24+663.126	K24+663.026	330～355	1.2	12
13	272|273	K24+665.573	K24+665.473	325～355	1.44	13.8
14	270|271	K24+668.028	K24+667.928	315～5	2.4	17
15	269|270	K24+669.254	K24+669.154	350～15	1.2	13.3
16	268|269	K24+670.488	K24+670.388	330～355	1.2	14.9
17	267|268	K24+671.717	K24+671.617	0～15	0.72	11.3
18	266|267	K24+672.942	K24+672.842	335～355	0.96	11.7
19	260|261	K24+680.313	K24+680.213	340～355	0.72	10.2
20	256|257	K24+685.241	K24+685.141	340～355	0.72	11.8
21	236|237	K24+709.811	K24+709.711	260～275	0.72	11.2
22	224|225	K24+724.509	K24+724.409	340～355	0.72	10.8
23	220|221	K24+729.411	K24+729.311	330～355	1.2	14.8
24	212|213	K24+739.234	K24+739.134	340～355	0.72	10.8
25	207|208	K24+745.367	K24+745.267	15～40	1.2	10.9
26	206|207	K24+746.600	K24+746.500	330～355	1.2	11.8
27	205|206	K24+747.828	K24+747.728	5～20	0.72	11.4
28	202|203	K24+751.512	K24+751.412	330～355	1.2	10.5
29	201|202	K24+752.733	K24+752.633	340～15	1.68	12.7
30	201|202	K24+752.733	K24+752.633	310～330	0.96	11.2
31	200|201	K24+753.969	K24+753.869	325～355	1.44	16.1
32	199|200	K24+755.202	K24+755.102	355～15	0.96	12.1
33	197|198	K24+757.656	K24+757.556	310～330	0.96	10.8
34	196|197	K24+758.884	K24+758.784	330～360	1.44	13.3
35	195|196	K24+760.112	K24+760.012	0～15	0.72	11
36	194|195	K24+761.338	K24+761.238	340～355	0.72	11.2
37	193|194	K24+762.564	K24+762.464	0～15	0.72	10.1
38	192|193	K24+763.789	K24+763.689	335～350	0.72	11.4
39	191|192	K24+765.016	K24+764.916	5～20	0.72	11.1
40	190|191	K24+766.246	K24+766.146	65～80	0.72	11.7

续表

序号	环号	环片宽度（m）：1.2	隧道内半径（m）：	2.75	两点间最大间隔（mm）	10
		环片左侧里程	环片右侧里程	起止角度（°）	错台弧长（m）	最大错台量（mm）
41	190|191	K24+766.246	K24+766.146	85～130	2.16	13.6
42	190|191	K24+766.246	K24+766.146	330～355	1.2	14.5
43	189|190	K24+767.472	K24+767.372	355～15	0.96	11.6
44	189|190	K24+767.472	K24+767.372	310～335	1.2	10.6
45	188|189	K24+768.697	K24+768.597	330～355	1.2	13.8

荷花荡－黄天荡部分下行错台成果　　　　表5-9

序号	环号	环片宽度（m）：1.2	隧道内半径（m）：	2.75	两点间最大间隔（mm）	10
		环片左侧里程	环片右侧里程	起止角度（°）	错台弧长（m）	最大错台量（mm）
1	2|3	K24+631.034	K24+631.134	255～275	0.96	18.7
2	2|3	K24+631.034	K24+631.134	280～325	2.16	14.9
3	5|6	K24+634.717	K24+634.817	330～350	0.96	11.9
4	43|44	K24+681.137	K24+681.237	335～360	1.2	11
5	46|47	K24+684.801	K24+684.901	15～40	1.2	12.1
6	47|48	K24+686.011	K24+686.111	325～350	1.2	11.8
7	48|49	K24+687.228	K24+687.328	330～345	0.72	10.6
8	50|51	K24+689.663	K24+689.763	15～40	1.2	13
9	51|52	K24+690.880	K24+690.980	340～355	0.72	10.5
10	52|53	K24+692.101	K24+692.201	10～30	0.96	10.4
11	53|54	K24+693.322	K24+693.422	325～360	1.68	11.4
12	55|56	K24+695.765	K24+695.865	330～10	1.92	12
13	57|58	K24+698.208	K24+698.308	335～355	0.96	11.3
14	58|59	K24+699.425	K24+699.525	15～35	0.96	12.4
15	59|60	K24+700.638	K24+700.738	335～15	1.92	12.7
16	60|61	K24+701.856	K24+701.956	10～50	1.92	12.4
17	60|61	K24+701.856	K24+701.956	260～280	0.96	11.8
18	62|63	K24+704.297	K24+704.397	5～55	2.4	10.8
19	63|64	K24+705.515	K24+705.615	340～355	0.72	13.3
20	64|65	K24+706.734	K24+706.834	245～260	0.72	10.2
21	67|68	K24+710.397	K24+710.497	330～360	1.44	14

续表

序号	环号	环片宽度（m）：1.2	隧道内半径（m）：	2.75	两点间最大间隔（mm）	10
		环片左侧里程	环片右侧里程	起止角度（°）	错台弧长（m）	最大错台量（mm）
22	69|70	K24+712.833	K24+712.933	330～10	1.92	13
23	73|74	K24+717.719	K24+717.819	330～10	1.92	11.6
24	75|76	K24+720.155	K24+720.255	340～355	0.72	10.7
25	76|77	K24+721.368	K24+721.468	15～35	0.96	10.7
26	77|78	K24+722.585	K24+722.685	345～15	1.44	10.3
27	81|82	K24+727.470	K24+727.570	225～240	0.72	10.1
28	81|82	K24+727.470	K24+727.570	330～355	1.2	13.2
29	83|84	K24+729.903	K24+730.003	335～355	0.96	11.3
30	89|90	K24+737.221	K24+737.321	330～15	2.16	12
31	91|92	K24+739.660	K24+739.760	330～355	1.2	16
32	93|94	K24+742.103	K24+742.203	320～360	1.92	11.8
33	95|96	K24+744.542	K24+744.642	325～355	1.44	11.4
34	100|101	K24+750.640	K24+750.740	10～35	1.2	10.6
35	103|104	K24+754.307	K24+754.407	335～360	1.2	10.4
36	105|106	K24+756.750	K24+756.850	330～360	1.44	11
37	106|107	K24+757.972	K24+758.072	15～40	1.2	11.8
38	109|110	K24+761.635	K24+761.735	15～55	1.92	14.9
39	109|110	K24+761.635	K24+761.735	335～355	0.96	11.1
40	123|124	K24+778.746	K24+778.846	340～355	0.72	11.4
41	124|125	K24+779.969	K24+780.069	355～35	1.92	11.9
42	124|125	K24+779.969	K24+780.069	240～265	1.2	10.5
43	126|127	K24+782.423	K24+782.523	350～10	0.96	10.9
44	126|127	K24+782.423	K24+782.523	265～280	0.72	10.1
45	132|133	K24+789.751	K24+789.851	35～60	1.2	13.4

（5）衬砌脱落分析

将得到的每帧点云和前后500帧点云数据进行对比，得到局部位置的突出变化，可以直观反映环片表面和道床的变化情况。如图5-45所示，红色表示凸出部分，蓝色表示凹陷部分，所以局部蓝色区域代表衬砌脱落位置。通过点云分析，可提取隧道表观衬砌脱落的位置和大小。得到的衬砌脱落数据如表5-10、表5-11所示，分别表示衬砌脱落位置所在的环号、对应的里程、衬砌脱落角度、掉块面积及剥落直径。其中，衬砌脱落角度表示衬砌脱落中心位置对应的角度值，角度表达方式为面向小里程方向，顶部为0°，按照顺时针方向增大；掉块面积表示脱落的面积大小；剥离直径表示衬砌脱落位置的最大直径。

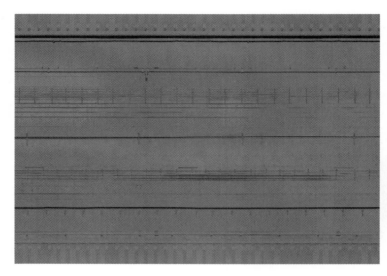

图5-45彩图

图 5-45　环片的衬砌脱落示意图

荷花荡－黄天荡上行衬砌脱落成果 表 5-10

线别	苏州地铁5号线		上／下行	上行		
线路区间	荷花荡－黄天荡		里程桩号	K24+629.283-K24+995.302		
检查日期	2023.12		制表	张三		
序号	里程	环号	病害类型	角度（°）	掉块面积（m²）	剥离直径（m）
1	K24+630.483	301	掉块区	308	0.017	0.453

荷花荡－黄天荡下行衬砌脱落成果 表 5-11

线别	苏州地铁5号线		上／下行	下行		
线路区间	荷花荡－黄天荡		里程桩号	K24+629.287-K24+995.352		
检查日期	2023.12		制表	李四		
序号	里程	环号	病害类型	角度（°）	掉块面积（m²）	剥离直径（m）
此区间无掉块						

（6）隧道裂缝检测结果

　　通过对隧道点云数据的处理，可以生成隧道内高分辨率的灰度图像。结合灰度图与点云数据，可以提取出隧道中的裂缝位置及其覆盖区域。从扫描地铁区间获取的裂缝位置信息如图5-46所示，能够清晰展示隧道内裂缝的分布情况。

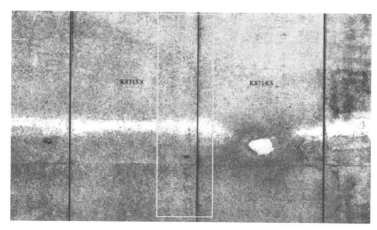

图 5-46 彩图

图 5-46 灰度图中的裂缝示意图

通过对数据进行分析，可提取隧道裂缝区域的位置及裂缝宽度。得到的裂缝数据如表5-12、表5-13所示，分别表示裂缝位置所在的环号、里程、裂缝角度、裂缝长度及裂缝宽度。其中，裂缝角度表示裂缝位置对应的角度值，角度表达方式为面向小里程方向，顶部为0°，按照顺时针方向增大；裂缝长度表示裂缝的最长距离；裂缝宽度表示裂缝最大宽度。

荷花荡 - 黄天荡上行裂缝区检测结果　　　　　　　　　　　　　　　　表 5-12

线别	苏州地铁 5 号线			上 / 下行	上行	
线路区间	荷花荡 - 黄天荡			里程桩号	K24+629.283-K24+995.302	
检查日期	2023.12			制表		
序号	里程	环号	病害类型	角度（°）	裂缝长度（m）	裂缝宽度（mm）
1	K24+634.181	298	线状裂缝区	229	0.657	0.2
2	K24+634.181	298	线状裂缝区	235	0.391	0.2
3	K24+634.181	298	线状裂缝区	229	0.614	0.2
4	K24+646.485	288	线状裂缝区	88	0.32	0.3
5	K24+646.485	288	线状裂缝区	101	0.349	0.2
6	K24+646.485	288	线状裂缝区	100	0.353	0.2
7	K24+647.706	287	线状裂缝区	57	0.16	0.4
8	K24+647.706	287	线状裂缝区	54	0.553	0.4
9	K24+667.352	271	线状裂缝区	325	0.806	0.2
10	K24+667.352	271	线状裂缝区	333	0.144	0.3
11	K24+669.804	269	线状裂缝区	328	0.39	0.3
12	K24+669.804	269	线状裂缝区	322	0.568	0.2
13	K24+669.804	269	线状裂缝区	333	0.877	0.2

线别	苏州地铁 5 号线			上 / 下行	上行		
线路区间	荷花荡 - 黄天荡			里程桩号	K24+629.283-K24+995.302		
检查日期	2023.12			制表			
序号	里程	环号	病害类型	角度（°）	裂缝长度（m）	裂缝宽度（mm）	
14	K24+672.267	267	线状裂缝区	128	0.391	0.2	
15	K24+672.267	267	线状裂缝区	345	0.864	0.2	
16	K24+672.267	267	线状裂缝区	349	0.749	0.2	
17	K24+672.267	267	线状裂缝区	340	1.204	0.2	
18	K24+672.267	267	线状裂缝区	329	0.952	0.2	
19	K24+672.267	267	线状裂缝区	334	1.079	0.2	
20	K24+674.724	265	线状裂缝区	353	0.455	0.2	
21	K24+674.724	265	线状裂缝区	339	0.798	0.3	
22	K24+674.724	265	线状裂缝区	329	0.789	0.2	
23	K24+674.724	265	线状裂缝区	346	0.993	0.2	
24	K24+694.398	249	线状裂缝区	347	0.798	0.3	
25	K24+702.983	242	线状裂缝区	14	0.453	0.2	
26	K24+710.361	236	线状裂缝区	19	0.402	0.3	
27	K24+710.361	236	线状裂缝区	29	0.448	0.2	
28	K24+741.011	211	线状裂缝区	263	0.231	0.2	
29	K24+741.011	211	线状裂缝区	266	0.256	0.2	
30	K24+745.917	207	线状裂缝区	332	0.686	0.4	
31	K24+750.840	203	线状裂缝区	348	0.73	0.2	
32	K24+750.840	203	线状裂缝区	351	0.938	0.2	
33	K24+750.840	203	线状裂缝区	336	0.926	0.2	
34	K24+754.519	200	线状裂缝区	15	0.846	0.2	

荷花荡 - 黄天荡下行裂缝区检测结果　　　　　表 5-13

线别	苏州地铁 5 号线			上 / 下行	下行		
线路区间	荷花荡 - 黄天荡			里程桩号	K24+629.287-K24+995.352		
检查日期	2023.12			制表			
序号	里程	环号	病害类型	角度（°）	裂缝长度（m）	裂缝宽度（mm）	
1	K24+670.817	35	线状裂缝区	15	0.386	0.3	
2	K24+697.658	57	线状裂缝区	15	0.705	0.5	
3	K24+700.088	59	线状裂缝区	15	0.347	0.3	

续表

线别	苏州地铁 5 号线			上 / 下行	下行	
线路区间	荷花荡 – 黄天荡			里程桩号	K24+629.287–K24+995.352	
检查日期	2023.12			制表		
序号	里程	环号	病害类型	角度（°）	裂缝长度（m）	裂缝宽度（mm）
4	K24+700.088	59	线状裂缝区	9	0.367	0.3
5	K24+700.088	59	线状裂缝区	328	0.117	1
6	K24+704.965	63	线状裂缝区	341	0.519	0.8
7	K24+745.210	96	线状裂缝区	349	0.706	0.3
8	K24+745.210	96	线状裂缝区	347	0.266	1.2
9	K24+762.307	110	线状裂缝区	257	0.355	0.5
10	K24+769.634	116	线状裂缝区	348	0.233	0.3
11	K24+801.448	142	线状裂缝区	347	0.327	0.3
12	K24+801.448	142	线状裂缝区	351	0.408	0.4
13	K24+872.617	200	线状裂缝区	348	0.362	0.3
14	K24+995.352	300	线状裂缝区	329	5.335	1
15	K24+995.352	300	线状裂缝区	82	2.032	1
16	K24+995.352	300	线状裂缝区	53	1.484	1

（7）限界检测报告

以点云扫描自动识别的轨道顶面为基准叠加车辆限界轮廓图，可以准确得到该隧道内是否超过车辆的轮廓线，限界检测示意图如图5-47所示。

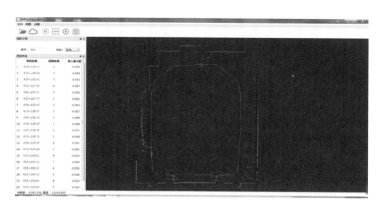

图 5-47 彩图

图 5-47 限界检测示意图

通过限界检测得到该区间的车站位置存在超限情况，超限位置和超限值如表5-14所示，分别表示超限位置所在的环号、里程、位置、超限高度及超限距离。其中，位置左右侧表达方式为面向小里程方向；超限高度表示为道床到超限位置的高度；超限距离表示超出限界框的距离值。

荷花荡－黄天荡上行限界检测成果

表 5-14

序号	环号	里程	位置	超限高度（m）	超限距离（m）	备注
1	293	K24+640.148	轨道中心右侧	0.7506	0.0071	
2	293	K24+640.238	轨道中心右侧	0.7676	0.0074	

4. 应用实施效果

轨道交通三维移动测量系统是一种新技术和新装备，专为轨道交通基础设施提供全断面多元信息的高精度快速获取与分析检测。该系统具有效率高、机动灵活、安全可靠、适应性强和功能全面等优点，可以精确测量地下隧道的水平收敛值、椭圆度、错台情况、渗漏水、限界和裂缝等信息。通过收集这些数据，能够直观地反映隧道的变形状况。

通过对荷花荡－黄天荡的三维激光扫描监测，可以得到该区域的灰度正射影像图、逐环半径收敛成果、渗漏水检测报告、错台分析、衬砌脱落、裂缝及限界分析等相关成果。对各个成果进行分析得到如下结论：

（1）从收敛结果上可以看到，荷花荡－黄天荡区间整体状况良好，上行收敛和下行收敛均在60mm以下，区间没有预警。

（2）该区间上行渗水3处，下行渗水9处。区间上下行均无超过20mm的错台。区间上行有1处掉块，区间下行无掉块。区间上行有79处裂缝，区间下行有16处裂缝。本区间上行有2处侵限情况，下行无侵界情况发生。

5.4.2 国家速滑馆制冰排管智能施工检测

1. 工程概况

国家速滑馆是2022年北京冬奥会的标志性场馆，赛后向北京市市民开放，不仅为运动员提供训练场所，还满足了市民冬季运动的需求。作为北京冬奥会冰上竞赛场馆，要求为冬奥会比赛提供温度、高度均衡的冰面，冰面温差可控制在0.5℃以内，其制冰排管的高质量安装对场馆的冰面制冷效果尤其重要[71-73]（图5-48）。

根据《CO_2直冷制冰工程施工质量验收标准》Q/CJYT 002-2020（简称《标准》），同一区域内各组制冰排管标高允许偏差为±10mm，制冰排管各管间的平行度≤1/1000，制冰排管平面的翘曲≤3mm，顶排管安装的水平误差≤1/1000。根据《标准》要求及现场情况，针对国家速滑馆1.2万平方米全冰面施工场地，利用三维激光扫描的方法对铺设的制冰排管进行检测[74-75]。

2020年9月～10月，武汉大学质量检测团队在国家速滑馆制冰区利用全站仪、三维激光扫描（图5-49）等测量设备对制冷排管进行检测，将得到的数据结合其自主研发软件完成了制冷排管点云采集、排管安装翘曲检测、排管安装水平偏移量检测等调查成果（表5-15）。

图 5-48 国家速滑馆制冰排管铺设现场图

制冰排管工作进度 表 5-15

序号	工作区域	扫描时间	提交成果时间	测站数量
1	五区	9 月 23 日	9 月 26 日	17 站
2	六区	9 月 24 日	9 月 29 日	13 站
3	七区	9 月 24 日	9 月 28 日	10 站
4	八区	9 月 28 日	10 月 1 日	14 站
5	三区	10 月 4 日	10 月 12 日	8 站
6	四区	10 月 4 日	10 月 12 日	8 站
7	五区复测	10 月 4 日	10 月 9 日	3 站
8	七区复测	10 月 4 日	10 月 12 日	3 站
9	十区	10 月 12 日	10 月 13 日	2 站
10	六区复测	10 月 12 日	10 月 13 日	3 站
11	八区复测	10 月 12 日	10 月 13 日	3 站
12	一区	10 月 17 日	10 月 20 日	8 站
13	二区	10 月 17 日	10 月 20 日	9 站
14	三区复测	10 月 14 日	10 月 16 日	3 站
15	四区复测	10 月 14 日	10 月 16 日	3 站
16	十区复测	10 月 14 日	10 月 14 日	2 站
17	一区复测	10 月 21 日	10 月 22 日	3 站
18	二区复测	10 月 21 日	10 月 22 日	3 站

图 5-49　国家速滑馆现场三维激光扫描

2. 国家速滑馆检测方法应用实施流程

（1）测试硬件设备

FARO Focus150激光扫描仪（图5-50，表5-16）专为建筑、工程、建造、公共安全和取证以及产品设计等行业的室内外测量应用而设计，将现实世界数字化，获取用于分析、协作和作出最佳决策的信息，以改进和确保项目和产品的总体质量。

FARO Focus150激光扫描仪系列提供诸多高级功能。除了增强的距离，角度精度和量程外，FARO Focus150扫描仪的现场补偿功能可确保高质量的测量，而外部配件扩展区和HDR功能使扫描仪非常灵活。

图 5-50　FARO Focus150 激光扫描仪

主要技术参数　　　　　　　　　　　　　　表 5-16

测程	614m
激光发射频率	100 万点 /s
测量误差	±1mm
角精度	垂直 / 水平角为 19″
视野范围	300° 纵向 /360° 横向
最大垂直扫描速度	97Hz（纵向）
激光等级	1 级激光
环境适应性	使用温度：–20 ～ 55℃

（2）仪器测量流程

1）前期准备

① 选取预埋件

选择能够测量水平位移和高程的预埋件（图 5-51），具备的条件如下：

A．高程和水平采集点要在同一位置；

B．预埋件可固定在缓冲区，并且避免外界施工对预埋件的影响；

C．预埋件链接杆方便拆卸，便于后期的施工测量。

综上所述，现场选择在缓冲区 6 个位置埋设预埋件，6 个位置分别选择在场地的正东、正西、西北、东北、西南、东南，保证 6 个预埋位置平均分布在缓冲区。

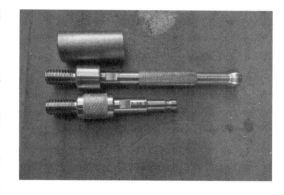

图 5-51　预埋件示意图

② 现场打孔、安装预埋件（图 5-52 ～图 5-54）

使用电钻或电锤在缓冲区进行打孔，并用植筋胶进行固定。

图 5-52　现场安装作业

图 5-53　预埋件安装

③ 预埋件固定、保护

用定制的保护盖对安装完成的预埋件进行保护，防止有异物破坏。

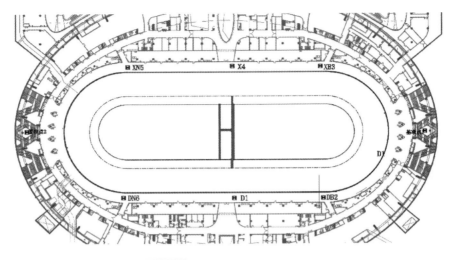

图 5-54　预埋件安装位置示意图

2）控制网测量

① 控制点水平位置测量

利用现场原有的2个已知点（图5-55）进行观测，利用链接杆固定在预埋件上，利用碎步测量的方法得到控制点的水平位置。具体方法为：

A．在一个控制点上架设全站仪，在另一个控制点上架设棱镜。选择利用已知坐标点后视定向的方法。

B．在埋设的6个预埋件位置，利用链接杆连接棱镜，将棱镜面向全站仪。

C．利用碎步测量的方法（图5-56），多次测量6个控制点位置，取平均值作为该点的水平坐标，获取控制点坐标如表5-17所示。

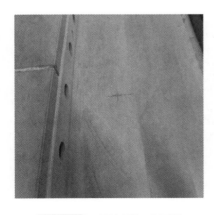

图 5-55　原有已知点图片

图 5-56　控制点水平位置测量

控制点水平坐标　　　　　　　　　　　　　　　　　　　　　　表 5-17

点号	东方向 Y	北方向 X
基准点 1	316701.715	501912.342
基准点 2	316701.715	501711.9
D1	316662.0039	501805.8322
DB2	316662.0734	501758.5299
DN6	316661.964	501863.5532
X4	316741.4417	501807.8812
XB3	316734.1127	501734.1725
XN5	316741.1302	501861.2872

② 二等水准网测量

在缓冲区利用天宝水准仪建立二等水准控制网，在控制网水准点的选择中要包含6个预埋件控制点以及已知高程点（图5-57）。

图 5-57　现场已知高程点

完成水准点的测量并进行平差处理后，得到6个控制点的高程值如表5-18所示。

控制点高程值　　　　　　　　　　　　　　　　　　　　　　表 5-18

点号	高程 Z
D1	43.6582
DB2	43.61823
DN6	43.6437
X4	43.62785
XB3	43.64441
XN5	43.63903

3）三维激光扫描

① 获取控制点坐标

在已知坐标的控制点上通过链接杆安置棱镜，根据现场条件在场馆中心区域选择全站仪架站位置，通过后方交会的方法获取全站仪坐标（图5-58、图5-59）。

图 5-58　控制点位置提取

图 5-59　全站仪获取坐标

② 获取棱镜球坐标

根据现场施工环境选择扫描仪架站位置，在扫描仪周围5m内架设不少于4个棱镜球（图5-60），利用全站仪测量得到每个棱镜球的空间坐标。

③ 三维扫描

在选取的扫描位置架设FARO扫描仪（图5-61），逐站扫描，获取该区域制冰排管的点云坐标（图5-62）。在架设扫描仪时，为保证点云密度，每站的间隔应小于7m，相邻测站间共用棱镜球应大于3个，扫描时根据现

图 5-60　安装棱镜

场施工进度分区扫描，分区作业。

图 5-61 架设扫描仪

图 5-62 多站扫描拼接

4）外业注意事项

综合考虑其他相关因素，对本方案外业数据采集过程中应注意的事项进行补充说明。主要注意事项如下：

①所有采集过程必须获得许可，严禁未授权进行作业。

②采集过程必须符合标准，满足采集要求，严禁违规操作。

③ 采集施工期间必须服从管理，严禁违反安全施工规定相关条款。

④ 施工期间必须做好相关防护措施（佩戴安全帽等）。

⑤ 采集前认真检查设备性能，做好相关记录，严禁问题设备上线作业。

⑥ 施工期间严禁嬉戏打闹、吸烟，严禁触碰与施工无关的设备。

3. 检测结果分析与处理

（1）首次扫描翘曲检测成果

通过对9个区域的点云采集以及80365个检测位置的数据分析，在去掉人工影响数据和无效数据后得到翘曲最大偏差为23.6mm，平均平差值为3.047mm，第一次扫描有近3%的检测位置偏差大于10mm。一～十区的翘曲检测统计情况如表5-19、图5-63所示。

					首次扫描翘曲检测统计情况			表 5-19

序号	区域	采集数据个数（个）	平均偏差（mm）	标准差（mm）	最大偏差值（mm）	偏差10mm以内所占比例
1	一区	8538	3	3.9	23.5	98.1%
2	二区	9327	3.2	4.1	21.9	98.3%
3	三区	12708	3.6	4.6	22	96.4%
4	四区	12434	3	3.9	19.8	98.4%
5	五区	14355	2.7	3.5	23.3	99.1%
6	六区	11807	2.8	3.7	23.3	98.9%
7	七区	4438	3	4.1	23.6	99.8%
8	八区	5795	3.2	4.2	20.7	97.5%
9	十区	963	2.8	4	23.1	98%

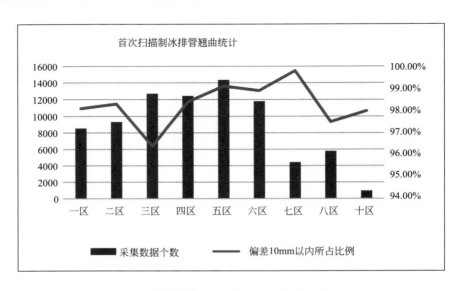

图 5-63　首次扫描翘曲检测统计图

（2）复测扫描翘曲检测成果

根据9个区域首次扫描数据及分析结果，在每个区域选取2～4个数据最差的测站进行复测，复测检测共提取11514个检测位置的数据，经分析得到翘曲最大偏差为9.7mm，平均平差值为1.82mm，复测扫描检测成果位置偏差均小于10mm。一～十区的翘曲检测统计情况如表5-20所示。

复测扫描翘曲检测统计情况　　　　　　　　　　表5-20

序号	区域	采集数据个数（个）	平均偏差（mm）	标准差（mm）	最大偏差值（mm）	偏差10mm以内所占比例
1	一区	1268	1.9	2.5	9.2	100.0%
2	二区	1621	1.5	3.3	8.7	100.0%
3	三区	1606	2.2	3.3	8.5	100.0%
4	四区	1766	1.5	2.8	7.7	100.0%
5	五区	1377	1.9	2.7	8.3	100.0%
6	六区	1195	1.4	2.1	8.1	100.0%
7	七区	1130	2.5	2.3	7.9	100.0%
8	八区	938	1.9	2.8	9.7	100.0%
9	十区	613	1.6	2.2	8.1	100.0%

（3）首次扫描翘平行度检测成果

通过9个区域的点云采集以及69556个检测位置的数据分析，在去掉人工影响数据和无效数据后得到平行度最大值为3.42‰，平均差值为0.556‰，第一次扫描有近4%的检测位置偏差大于1‰。一～十区的平行度检测统计情况如表5-21、图5-64所示。

首次扫描平行度检测统计情况　　　　　　　　　　表5-21

序号	区域	采集数据个数（个）	平均偏差（‰）	标准差（mm）	最大偏差值（‰）	偏差1‰以内所占比例
1	一区	7397	0.59	0.816	3.02	92.26%
2	二区	8739	0.61	0.81	3.46	90.73%
3	三区	10254	0.48	0.713	2.35	96.71%
4	四区	10687	0.53	0.897	2.88	96.37%
5	五区	12654	0.65	0.764	3.42	97.26%
6	六区	9878	0.45	0.806	2.95	97.45%
7	七区	4279	0.57	0.826	2.93	95.59%
8	八区	4875	0.49	0.707	2.09	97.41%
9	十区	793	0.64	0.723	2.03	92.26%

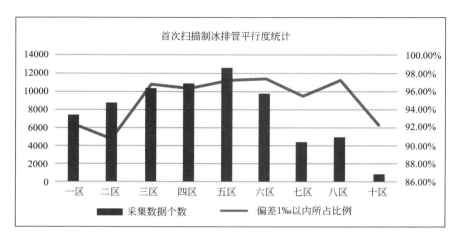

图 5-64　首次扫描平行度检测统计图

（4）复测扫描平行度检测成果

根据9个区域首次扫描数据及分析结果，在每个区域选取2～4个数据最差的测站进行复测，复测检测共提取9534个检测位置的数据，经分析得到平行度最大值为0.96‰，平均平差值为0.4‰，复测扫描检测成果位置偏差均小于1‰。一～十区的平行度检测统计情况如表5-22所示。

复测扫描平行度检测统计情况　　　　　　　　　　　　　　　　表 5-22

序号	区域	采集数据个数（个）	平均偏差（‰）	标准差（mm）	最大偏差值（‰）	偏差1‰以内所占比例
1	一区	1068	0.44	0.717	0.92	100.0%
2	二区	1237	0.32	0.622	0.95	100.0%
3	三区	1469	0.49	0.6	0.95	100.0%
4	四区	1365	0.42	0.647	0.89	100.0%
5	五区	1181	0.36	0.704	0.88	100.0%
6	六区	1023	0.36	0.614	0.85	100.0%
7	七区	958	0.38	0.605	0.96	100.0%
8	八区	794	0.47	0.615	0.83	100.0%
9	十区	439	0.38	0.633	0.93	100.0%

4. 应用实施效果

国家速滑馆三维激光扫描具有效率高、机动灵活、安全可靠、适应环境强、功能全面等优点，可以准确地得到制冰排管的点云数据、翘曲情况、水平偏移情况，还可以得到排管的安装现状，从而指导施工。

通过首次扫描的数据分析可以得出：共采集翘曲检测点80356个，翘曲平均偏差为

3.03mm，偏差在10mm以内的值占比达到96%以上。采集平行度检测数据69556个，平行度最大值为3.42‰，平均差值为0.556‰，第一次扫描有近4%的检测位置偏差大于1‰。

通过对严重区域的复测扫描，共采集翘曲检测点11514个，翘曲最大偏差为9.7mm，复测扫描全部检测数据均小于10mm。复测检测共提取9534个平行度检测数据，经分析得到平行度最大值为0.96‰，平均差值为0.4‰，复测扫描检测成果位置偏差均小于1‰。复测扫描后得到偏差值明显变小，经调整后，满足制冰排管的安装要求。

第6章　智能化施工安全管理

6.1　基本概念

智能化施工安全管理是指在数字化建造范式下，采用大数据分析、深度学习、工程物联网、人工智能算法、软件监控系统等新兴智能化技术对施工现场各类安全风险要素进行动态监测、预警和管理的建造模式。

在施工安全管理领域，人工智能的功能应用主要包括行为监督、环境监控与机械状态监测三大核心方面，具体内容是：（1）行为监督：识别并监控现场施工人员的行为状态，及时发现并预警潜在的不安全行为，具体而言，它涵盖了施工人员是否佩戴安全帽、是否身着符合规定的安全服、是否在施工区域内违规吸烟等关键行为指标的监测；（2）环境监控：对施工现场环境状态的全面监控，以识别并预警可能引发安全事故的不安全环境因素。这包括但不限于裸土的适当覆盖情况、高空坠物的风险、安全通道的畅通性、烟雾的出现，以及安全防护设施的完整性等关键环境指标的监测；（3）机械状态监测：主要识别不合规定的作业情况，包括升降梯超员与否、是否有不明人员闯入机械作业区域等。其应用技术包括语言识别、图像识别、自然语言处理、物联网等。

人工智能技术对提高施工安全管理水平和人员安全意识，感知控制安全风险，改善工作环境来说意义非凡，其意义具体表现为：

1. 实时环境风险感知与预警

通过多种传感器和监控设备采集施工现场的环境数据，如隧道等作业环境下人员位置、温度、湿度、有害气体浓度等；借助机器学习算法实时分析，快速识别潜在的安全隐患并预测风险。

2. 工人不安全行为精准监控

利用计算机视觉技术自动分析监控视频中的工人行为，识别不安全行为，如不戴安全帽、不使用防护装备等违规操作。系统可以在识别到违规行为的瞬间发出警报，通知管理人员进行干预或提醒工人立即改正。这种精准的行为监控，有效弥补了人工监督的不足，提高了监控的准确性和及时性。

3. 数据驱动的安全决策支持

利用人工智能算法分析施工过程的历史数据和事故记录。识别事故安全隐患，为管理层提供安全管理的科学决策。算法基于历史数据推荐改进措施与安全决策，优化管理流程。例如，通过分析历史事故的时间、地点和原因，算法可以识别出某些特定区域或特定时间的高风险特征，从而合理安排作业时间和区域，提高施工安全性。

4. 工人安全知识智能推荐

基于人工智能技术构建施工工人安全知识自适应推送方法。针对工人的认知需求和学习风格差异，实现安全知识的智能推荐与适应性呈现，从而提升工人安全知识认知水平与技能水平。

6.2 主要技术方法

6.2.1 工程物联网

工程物联网作为物联网技术在建造领域的深化应用，通过实现工程要素的广泛感知与无缝连接，发挥了显著的作用。具体而言，它给建筑业带来以下几个方面的变革：

（1）建造工序协同优化：工程物联网能够实时收集和分析各个施工环节的数据，使不同工序之间的协同作业更加高效。这有助于减少工序间的等待时间，提高整体施工效率。

（2）建造环境实时响应：借助物联网技术，施工环境可以得到实时监测和控制。例如，通过传感器监测施工现场的温度、湿度、空气质量等参数，并根据环境变化自动调整施工设备或工艺参数，从而确保施工环境的稳定性和安全性。**（3）建造资源合理配置**：工程物联网能够精确追踪和管理施工过程中的各种资源，包括材料、设备、人力等。通过数据分析，可以实现资源的优化配置，减少浪费，提高资源利用效率。**（4）建造过程按需执行**：物联网技术使得施工过程中的各个环节可以更加灵活地按照实际需求进行调整和执行。这有助于应对施工过程中的不确定性因素，确保工程能够按计划顺利进行。综上所述，工程物联网通过实现工程要素的广泛感知与连接，为建造领域带来显著的变革和提升。它不仅提高了施工效率和质量，还优化了资源配置，降低了成本，为建造行业的可持续发展奠定了坚实的基础。

1. 工程物联网的体系架构

参考物联网系统的基本架构，工程物联网的体系架构主要是由对象层、泛在感知层、网络通信层、信息处理层以及决策控制层组成（图6-1）。

（1）泛在感知层包含不同类型的数据采集技术，用以实时测量或感知工程要素的状态与变化，同时转化为可传输、可处理、可存储的电子信号，具体包括传感器技术、机器视觉技术、扫描建模技术、智能检测技术等。

（2）对于不同的管理层级，都可以使用个性化的智能感知、分析以及决策技术。对于工序级所涉及的本地服务器设备往往采用工程现场总线技术进行连接；对于工地级的项目应用，一般采用有线和无线网络相结合的方式；对于企业级的信息传输，一般采用无线网络上传至云端。

（3）由于工程信息通常具有海量性、异构性等特点，对数据中心处理平台的计算能力、存储能力、决策能力、管理能力提出了较高的要求。为此，工程物联网平台引入云计算、边缘计算、雾计算等技术进行数据加工处理。

（4）常见的控制系统包括分布式控制系统（DCS）、可编程逻辑控制器（PLC）。相比制造业，建筑业面临的可控制问题更加难以用精确的数学模型描述，建立在工程物联网基础上的控制技术也朝着智能化、微型化及协同化方向发展。

图6-1　工程物联网的体系架构

2.　工程物联网需要解决的问题

工程物联网中的设备需要解决在恶劣的施工环境中稳定运行问题，如高温、高湿、多尘、强振动等。其对设备的耐用性、防水防尘等级、抗振动能力等要求较高。工程物联网需要解决实时、准确地传输大量数据问题，以支持实时监测和远程控制，其对数据传输的可靠性、稳定性和安全性要求较高。工程物联网的功能需求呈现复杂多样化特点，要满足实时监测、预警、远程控制、数据分析等功能需求；应用工程物联网时需要与施工管理系统、设备控制系统等进行集成，以支撑工程项目的智能化施工协同管理。工程物联网同时需要兼顾数据传输的安全性、完整性和保密性，通过采取安全措施来确保各类敏感类施工数据、人员隐私信息等数据的安全。

3.　基于工程物联网的施工安全管理

工程物联网作为创新性工具，对施工安全管理产生了深远影响。实际施工时，通过在工程施工现场部署传感器，应用物联网技术能够实时监测建筑结构、设备运行状态等关键信息，及时发现潜在问题，预防施工故障，确保工程顺利进行。工程物联网技术使施工现场的数据采集与传输自动化，有利于减少人工记录的错误与延误，提高数据的准确性与时效性，为施工协同提供数据支持。借助工程物联网技术，工程管理者可以远程监控施工现场，及时调整施工计划，应对突发事件，降低对现场人员的依赖，提高管理效率与工程效益。

在实际应用中，工程物联网技术已在多个大型建筑工程和基础设施建设项目中展现出显著优势。例如，通过在建筑结构和设备上部署传感器，物联网技术能够实时监测施工现场的温度、湿度、振动等参数，为工程管理团队提供决策依据；同时，通过设备远程监控，物联网技术还能及时发现设备故障，实现预测性维护，延长设备寿命，提高项目整体效益。

6.2.2　工程大数据和机器学习

施工安全管理是确保建筑工程顺利进行的关键环节，它涉及对人、机、环等多种因素的全面管理，旨在有效预防和控制各类不安全行为，从而消除或降低安全事故的风险。然而，由于施工过程的复杂性和动态性，传统的安全管理办法往往面临监管力度不足和管理效率不高等挑战。施工现场通常是一个高度复杂且多变的环境，各种施工要素如人员、机械设备、材料以及周围环境之间紧密耦合且不断变化。这种复杂性使传统的静态安全管理方法难以全面覆盖和有效应对各种潜在的安全风险。

工程大数据，作为一种在工程项目全生命周期中利用各种软硬件工具进行数据采集与分析处理的技术，基于工程大数据建立智能预测模型可以有效提升智能化施工安全管理的智能化水平。其应用实施时，通过收集和分析施工现场的大量数据，包括但不限于人员行为数据、机械设备运行状态数据、环境监测数据等，可以建立一个全面的安全风险监测和预警系统。该系统能够实时监测施工过程中的各种安全风险，并通过智能算法对潜在的危险进行预测和预警。比如，通过基于工程大数据建立智能化预测模型，可以分析人员的操作行为，识别出可能引发安全事故的不安全行为；同时，它还可以监测机械设备的运行状态，及时发现并预警可能的故障或异常。此外，系统还可以根据环境监测数据，如温度、湿度、风速等，对施工现场的环境风险进行评估和预警。再比如，在盾构施工过程中，通过收集掘进参数与地层变形数据，并分析盾构掘进与地层变形之间复杂的规律关系，可以有效预测在复杂条件下的地层变形，从而预防地面隆起或坍塌等事故的发生。由此可以看出，通过利用工程大数据和智能预测模型，可以有效提高施工安全管理系统的智能化水平，实现对施工现场的全面、实时和动态监控，提高安全管理的效率和准确性。

工程大数据的应用流程一般分为数据采集、数据存储、数据分析、数据可视化四个方面。其中，数据分析是工程大数据应用中最重要的一环。数据分析是指根据不同应用需求，从海量的存储数据中选择全部或部分数据进行分析，从而挖掘有价值的信息。数据分析的应用过程一般包括数据预处理、数据建模和模型应用。其方法包括回归、分类、降维、聚类。其中，回归是一种对数值型连续变量进行预测和建模的监督学习，即用函数拟合点集；分类是根据数据集的特点构造分类器，从而把位置类别的样本映射到特定类别；聚类是基于物理或抽象集合的内部结构，将其分为由类似对象组成的多个集群；降维是对模型参数进行简化以达到保证模型有效性的目的。在上述四种方法中，机器学习算法扮演着重要的角色，在大数据分析中具有独特的优势。

机器学习（Machine Learning，ML）作为人工智能技术的一个分支，主要有三种神经网络结构，即深度置信网络（图6-2）、卷积神经网络（图6-3）和循环神经网络（Recurrent Neural Network，RNN，图6-4），旨在通过算法和模型识别数据中的模式、规律或关系，并据此做出预测、分类、决策等任务。在机器学习中，数据是核心资源；通过收集、处理和分析大量数据，机器学习算法能够发现数据中的潜在信息，并据此构建模型；这些模型能够对新的、未见过的数据进行预测或分类，从而实现自动化决策和智能响应。

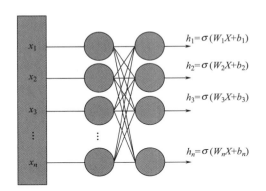

图6-2 深度置信网络结构示例

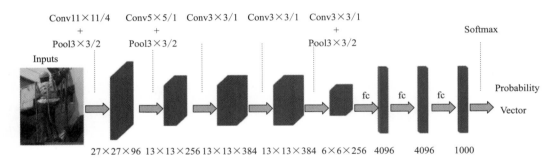

图6-3 卷积神经网络结构示例 [76]

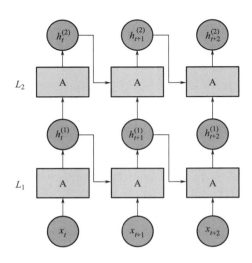

图6-4 循环神经网络结构示例

深度学习是对传统特征选择与提取框架的突破，对包括回归预测、自然语言处理、计算机视觉等众多领域产生了重要影响，提高了时序、文本、图像等多种类型的数据的利用效率。深度学习的应用可以延伸至安全管理中，通过工程大数据提供的训练样本，帮助现场作业人员完成风险评估预警、行为检测等管理任务。例如，将地质参数和盾构机操作参数作为神经网络的训练样本，并以沉降计算经验公式引导训练，极大地提升了盾构施工引起的地面沉降的预测精度；将监控摄像捕获的大量施工现场视频数据作为FasterR-CNN的训练样本，结合人体几何参数模型，能够实现施工现场施工人员不安全行为的精确识别。

6.2.3　BIM与数字孪生

BIM是一种基于开放的工业标准，将设施的物理与功能特性，以及贯穿项目全生命周期的各项相关信息，以可计算或可运算的数字化形式进行表达的方法。BIM技术是应用于设施全生命周期的三维数字化技术，它以一个通用数据格式，实现设施在设计、施工、运营阶段的所有相关信息创建、集成、修改和共享，具有操作可视化、信息完备性、信息协调性、信息互用性特点。

数字孪生是一种基于精确模型与丰富数据支撑的技术框架，运用多学科耦合仿真等先进手段，实现物理实体在虚拟空间中的高精度数字化镜像映射。数字孪生作为BIM（建筑信息模型）应用的深化与拓展，是BIM技术与实时数据监控及高级模拟技术深度融合的产物，它构建了一个设施的动态虚拟镜像。数字孪生的核心价值在于，其促进了实体与数字模型之间的智慧共享与协同发展，为设施管理、维护与优化提供了前所未有的洞察力与灵活性。

将BIM和数字孪生应用于施工安全管理将是施工安全管理智能化的重要趋势。其应用不仅可以对施工进行实时监控，还可以实时跟进项目的推进，为安全施工提供合理科学的施工安全设计和规划。在施工安全管理中，BIM和数字孪生的应用主要包括对施工安全的监控与操纵、评估与分析、预警与优化。首先，基于施工现场传感器采集的现场工程数据，结合数字孪生模型来实时反映施工现场的变化情况，进行施工过程的跟踪和控制，实现各类施工安全管理场景的数据与模型、实景交互。以地下建筑盲吊监测系统为例，该数字孪生监控与操作系统应用如图6-5[77]所示，可以对位于地下的吊装场景进行精准感知与建模，基于BIM模型引导吊装任务执行，并实时监控吊装过程的安全状态，成功完成了550t盾构机刀盘高效、安全的吊装作业。其次，采用BIM支持对某一个工序进行建模、施工参数调整与仿真分析，以此检测、评估和优化该工序的安全性能。以某吊装作业工程为例，如图6-6[78]所示，采用BIM技术对吊装过程进行模拟得出安全的吊装方案。通过在数字孪生系统中嵌入数据驱动模型，基于施工数据库评估施工安全风险。最后，基于数字孪生进行施工安全场景的实时虚实交互，使施工场景要素能够实时地反馈到虚拟模型中。基于深度学习模型的人—机—环境安全状态的识别结果，在虚拟模型中进行可视化展示（图6-7[78]），并基于数字孪生的安全管理平台对不安全状态进行实时预警。

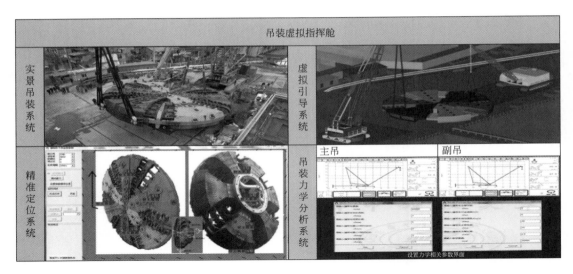

图6-5　基于数字孪生的地下建筑盲吊监测系统[77]

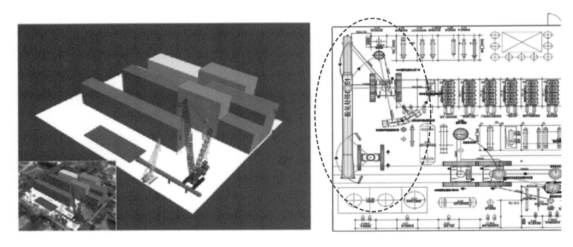

图6-6　吊装过程仿真模拟[78]

图6-7　BIM 模型中对应测点的安全等级与影响范围[78]

6.3　应用实施要点

在施工安全智能化管理中，"智能"作为先进技术手段的代名词，其核心在于通过组建科学的工程物联网体系，建立工程大数据库，推演形成适用于该工程的智能化算法集，赋能相关技术、装置、装备、平台系统智能化属性，实现对施工过程的各类安全风险进行智能化管控和预警。而安全风险要素的"管控"与"预警"则是施工安全智能化管理应用的两大核心要点。通过深入分析施工安全事故的原因可以发现，人的不安全行为、物的不安全状态以及不合适的作业环境是导致事故发生的直接因素，安全管理方法的缺失或制度的不完善也是重要的诱因。因此，做好施工安全管理的关键是建立科学完善的安全管理制度和实施方案，对施工现场的人员、机械、环境等进行全面、系统的综合管控。鉴于此，通过应用智能技术，对施工现场的工人作业规范性、作业环境的安全性以及施工作业时建筑物及临时设施的安全状况进行严格监控，实现对风险隐患的实时感知和预警，是提高施工安全管理效率的关键，其应用实施要点是做好各类安全风险要素的智能化管控和预警响应。

6.3.1　安全风险要素管控

有效的风险评估、隐患排查、人员管控，是减少施工现场不安全因素、降低施工风险的有效管理途径。在施工现场，人的不安全行为包括错误佩戴防护用品、进入危险区域和违规操作等，物的不安全状态包括空间碰撞、设备超载、结构受损等，该两类安全要素均与现场复杂多变的作业环境有着很大的关联。为解决这两类安全风险管控难题，国内外学者和技术人员探索了很多智能化管控方法，其中在基于工程大数据安全风险排查分析技术、BIM+机器视觉的施工安全管控技术、施工安全风险一体化集成监控平台等各类施工安全风险监测和预警工作中应用较多，很好地帮助管理人员及时检查和发现潜在安全风险。

（1）基于工程大数据安全风险排查分析技术是一种新型的智能化施工安全管控方法。该技术主要通过分门别类地建立各类施工安全风险要素数据库，在模型中进行安全风险区域标识，利用数据驱动模型，根据施工现场收集的环境、机械、结构参数预测某一安全控制指标，达到风险精确评估和风险源排查的目的；利用文本挖掘技术，从大量施工日志文本中提取隐患关键词并进行隐患文本分类，实现隐患排查；通过建立施工人员资质审核、考评教育、健康状态、习惯性危险行为等电子档案，采用人脸识别和智能穿戴技术，与电子档案匹配，结合基于工程大数据的深度神经网络训练，快速识别与匹配人员的面部信息、肢体行为、生理状态，分析及判断其安全状态和不安全行为［图6-8（a）[78]］，实现对施工人员的高效管控；与人员识别同样的原理，基于光纤光栅解调仪以及应变传感器收集的时序信号，可以快速识别起重机等施工机械是否处于安全状态［图6-8（b）[79]］。

（2）BIM+机器视觉是施工现场常用的一种智能化施工安全管控方法。该技术主要应用实施方法，首先在施工现场布设各类摄像头等传感设备，实现对施工现场环境的实时感知与信息集成，精确识别施工现场中的生产要素及其状态；同时分类分场景地建立各类安全风险大数据库，并不断对其进行丰富和完善；其次建立BIM模型中进行危险区域标识（图6-9[80]）并监测的工程数据交互；然后在智能化施工安全管控系统中通过语义提取算法，将现实场景拍摄的图片与数据库进行对比、分析、识别，快速分析和判断该风险源的属性；最后利用机器学习等技术对数据进行持续训练，完善智能识别算法，不断提高其准确性，可以很好地实现对施工现场人—机—环境的实时感知及不安全状态的识别和预警。

(a) 施工人员不安全状态识别 [78]

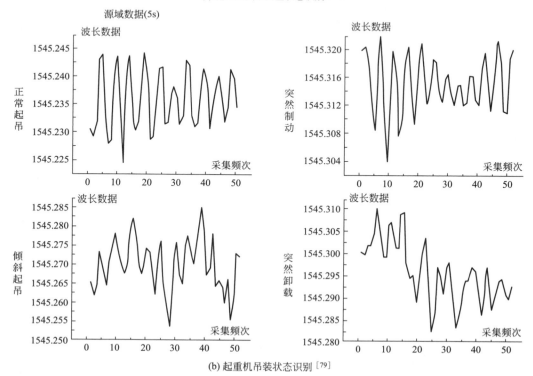

(b) 起重机吊装状态识别 [79]

图6-8 安全状态和不安全行为识别

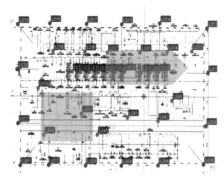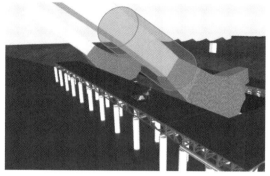

图6-9　危险区域在平面图和三维建筑模型中的表示[80]

（3）施工安全风险一体化集成监控平台，是指针对施工现场多因素的安全风险管控难题，引入数智化建造技术和人工智能算法，通过应用人—机—环一体化监控新技术、新装置、新平台，开发智能化监控平台，对施工现场作业人员、设施设备、模架状态、垂直运输设备状态、施工环境状态等关键安全风险源进行实时动态监控，确保其能高效安全地进行各类施工作业。要开发和应用施工安全风险一体化集成监控平台，其关键是要做好以下工作：

1）梳理、明确现场施工的各类安全风险源，明确重点监控对象及内容。其中，现场作业人员安全管理的重点是做好人员空间位置、人员安全措施佩戴、人员危险行为管控、人员健康状态管理等方面的监控工作；模架安全状态监控重点，以整体爬升模架为例，其工作重点是做好模架支撑系统安全、模架搁置状态及爬升状态下的施工安全智能监控等方面的工作；施工机械设备安全监控的重点是对塔式起重机、施工升降机、混凝土泵送管等设施设备进行一体化监控，并重点监测设备设施的结构力学参数、作业状态参数、运行作业安全状态；环境安全状态监测预警的重点是做好环境安全控制机理、安全状态智能监测、安全状态动态评估及环境扰动安全控制等方面的工作[81]。

2）围绕重点监控对象，明确其具体监控方法。针对人员位置及数量统计、人员安全措施佩戴情况、人员不安全行为管控、人员健康状态管理等，可采用视频识别、安全帽帽带监测、人脸识别、体温检测、智能腕表等对施工人员位置、生理状态、作业行为的综合性安全状态进行智能识别与监控；针对模架装备施工安全风险问题，可采用水准仪、应变计、倾角计、应力传感器、加速度器、可编程逻辑控制器、风速仪、温度器、视频识别等对模架装备的钢平台系统、筒架支撑系统、爬升系统、吊脚手架系统、模板系统、作业环境等对象的搁置和爬升时的安全状态进行监控；针对垂直运输设备的安全状态，可采用风速仪、倾角传感器、振弦传感器、加速度传感器、压力传感器、位移传感器、指纹、人脸识别、视频等，对塔式起重机结构安全、塔式起重机作业安全、塔式起重机程序安全、施工升降机结构安全、施工升降机运行安全、泵管结构安全等对象的结构力学参数、作业状态参数、运行作业安全状态进行重点监测。现场监控时，应按照统一的风险规则模式存储垂直运输设备各类事故数据，包括事故基本信息、事故原因、事故特征、事故后果等；针对现场施工环境安全问题，可采用水准仪、水位计、光纤传感器、墙体预埋测斜管法等，对施工现场基坑本体、周边环境、紧邻建（构）筑物等对象的倾斜、变形、凸起、沉降等问题进行监控[81]。

3）工程物联网布设、数据采集及配套智能识别算法。在明确具体监控对象后，需要根据实际工程需要，针对每一个监控对象细化相关传感器等物联网设备的数量和布设方案，在工地现场进行安装、调试，及时动态地采集具体监控对象安全状态相关数据，并对数据采集的格式、频率进行统一要求，实现工程数据的高效采集、存储、分析和处理。同时应根据工程实际情况，开发相应监控对象的智能化识别算法，并在监控过程中通过持续训练和迭代，不断提高智能算法的识别精准度。

4）开发和应用"人—机—环"一体化协同的施工安全风险监控集成平台。采用多源异构的施工安全风险一体化集成监控平台，如图6-10[81]所示，是施工现场安全风险管控的有效可行实施方案。平台开发的重点是将施工现场人员安全、垂直运输设备安全、模架装备安全、地下临近建（构）筑物等对象进行一体化集成监控，采用参数化、模块化建模技术对施工风险要素和施工环境进行快速三维建模，并对模型进行轻量化处理，与监测数据进行实时交互，完成模型更新和重构、平台的应用，实现对现场作业人员、设备设施、环境影响等多因素的安全风险进行一体化集成精细化控制。具体开发时，可考虑模块化、轻代码理念进行开发，其主要思路是首先统一数据格式、模型标准、系统设置要求等，其次将集成平台的每一个子功能模块进行标准化单独开发，在工程应用过程中不断迭代和优化提高每一个安全风险源监控模块的工程适用性；然后将各个安全风险子功能模块在大平台上进行一体化集成，并综合考虑其风险耦合效应处理方式、轻量化处理技术等内容，实现最优的一体化集成；用户在使用平台时，集成平台的各个功能模块应是可选择式操作系统，如此针对不同的工程需求、不同的管理要求，使用人员可以快速有选择地使用平台的各项功能，提高平台的适用性和便捷性。

图6-10　某建筑施工安全集成监控平台[81]

6.3.2 安全风险预警响应

对施工现场人—机—环境进行实时感知和预警，是避免安全事故发生的最直接的手段。施工安全管理中的预警机制，是指通过智能技术实时监测和分析施工现场工人的作业行为、作业环境以及建筑或临时设施的安全状况。当系统检测到异常情况时，能够及时向相关人员发出预警，从而有效防止事故的发生。施工安全管理要素的管控，则是对现场安全管理要素存在的安全隐患进行系统性、快速且有效的排查。通过智能技术的应用，能够更加精准地定位安全隐患，给出针对性的管控措施，从而确保施工现场的安全稳定。智能化施工安全风险预警的主要实施要点为：

（1）建立科学完善的工程物联网＋组网系统，做好监测预警数据的采集、分析和处理工作。通过在施工关键环节布设各类高敏感的监测传感器，依托科学的工程组网系统确保数据的高效稳定传输，实时动态地监控现场施工的各类风险要素状况，确保智能化施工安全风险监测数据端的可靠性；通过广泛收集典型工程相关安全风险数据，涵盖历史安全风险档案及典型工程结构病害信息等，为工程数据对比分析提供大数据支撑；通过采用数据预处理和多源数据融合技术清洗数据，包括检查数据一致性、处理无效值和缺失值，保证数据的高质量和可靠性；基于实测采集的工程数据和收集建立工程安全风险数据库，采用统计学方法将数据清洗后的多源监测数据进行相关性分析、特征提取与数据融合工作，为现场施工安全风险监控预警提供精准高质量的数据支撑。

（2）建立施工安全风险预警指标体系及置信度评估方法。

1）确定各类施工安全风险事件的风险源及其评估指标，对其进行分类分级量化细化；这些指标主要包括风险发生概率、可能影响的程度、灾害发生后的恢复时间等，指标制定时应综合考虑环境条件、工程结构特性、历史事件数据等各种因素的影响。

2）针对上述指标，根据各类施工安全管理标准，建立各类施工安全风险源的置信评估阈值表，明确各类施工安全风险要素的响应等级及其对应的置信区间，将各类施工风险评估模型与安全风险置信评估阈值表、响应等级进行匹配；当某个或某些指标超过其阈值时，系统将生成预警，并计算该预警的置信度。

3）使用机器学习算法优化阈值，通过在历史数据上训练机器学习模型，优化预警阈值，使预警更加准确。

4）基于工程大数据和模型，开发建立各类施工安全风险算法、预测模型，探索对未来的风险预测，并根据预测结果调整阈值。

5）进行结果可视化，将置信度评估的结果进行可视化展示，使用颜色或形状的变化来表示不同的置信度级别，让决策者更直观地理解预警信息，从而做出更准确的决策。

6）在实际工程中，根据监测的结果迭代修正工程安全风险监测指标预警阈值，融入人工智能算法实现关键安全风险点的智能筛选识别，进行推演分析，预判安全风险走势，给出下一步预警响应建议。

（3）建立工程施工风险时空耦合演化模型。其主要内容包括以下几个方面：

1）针对特征提取、融合后的典型施工风险特征，基于建立的施工安全风险评估指标体系和相应的施工风险数据库，研究关键典型施工安全风险的时空耦合演化规律，建立相应的拟合模型。以隧道工程为例，可以采用基于数理双驱动的物理信息神经网络（PINN），集成盾构隧道运营期关键风险的物理力学机理、专家先验知识和海量监测数据，研究基于数据机理双驱动的关键风险局部动态渐进演化机理，构建关键风险局部时间演化模型，进而为工程施工安全风险智能预警技术提供理论支撑。

2）明确基于迁移学习的关键风险全局动态扩散传播规律。通过综合分析多来源关键风险全局内在耦合作用，确定源域（局部区间）和目标域（全局或大范围区间）之间的相似性与差异性，提取关键风险异域迁移特征，测试不同迁移学习策略，挖掘关键风险多维度正态云模型中数据的拓扑结构与概率关系。之后，构建多关键风险影响下的诱发概率模型和扩散程度模型，评估迁移学习模型在不同工程环境中的有效性，并根据评估结果调整模型结构和参数。

3）建立施工安全风险态势预测模型。首先，基于多源异构的工程监测数据，构建典型工程群灾变风险的时序知识图谱和安全风险时序知识图谱历时嵌入模型，挖掘多源安全风险影响因素之间的动态、高阶相关性；其次，采用空间图卷积注意力模块和时序表征模块，从多语义视角出发实现多源施工安全风险之间时空相关性的建模，实现对工程施工风险的准确预测。

4）建立工程BIM模型，将各类安全风险源在BIM模型中进行标识，实现数据、评估模型与BIM模型的交互、可视化呈现；与此同时，还可以利用大模型技术将传统的数值模拟与数据驱动的机器学习方法进行融合应用，建立工程施工安全评估的多源数据融合模型，整合各类施工安全风险分析结果，对工程施工安全状态的全面时程进行评估，为施工中的动态管理提供决策依据，指导现场施工安全管控和预警响应。

（4）开发建立一体化集成的施工安全风险监控预警数字孪生平台，综合考虑风险耦合影响，对施工各类施工安全风险要素进行一体化集成监控、快速预警响应，提高施工安全风险管控效率。进行平台开发建设时，应重点关注平台的快速响应分析和响应模式两个方面的工作：

1）利用人工智能进行灾变快速响应分析。通过训练模型识别潜在的风险模式，当模型检测到可能的灾变风险时，预警平台可以快速生成预警信息并启动响应程序。具体开发时：① 使用过去的灾变事件、工程状态、环境条件等多种因素历史数据来训练AI模型，通过复杂的机器学习或深度学习算法，AI模型可以从这些数据中"学习"导致灾变的各种可能原因和特征。② 做好实时监控和预警生成工作。可使用训练好的AI模型来对实时数据进行监控，当模型检测到某些可能导致灾变的信号时，将立即产生预警信息，这些信息可能包括灾变的可能类型、严重程度、影响范围等，为决策者提供有价值的参考。③ 做好快速响应和辅助决策工作。可采用AI模型的预警信息来进行快速响应技术，通过AI提供的不同响应方案来选择最有效的一种。此外，还可通过AI的持续学习和自我调整，不断提高其预警和响应的准确性和效率。

2）利用平台进行工程施工风险快速预警响应。平台的预警影响机制宜建立数据分析—风险评判—风险处理的风险管控流程，通过热力图展示、曲线分析等方式，满足项目管理人员和技术分析人员不同的信息需求；通过制定风险规则，系统通过短信、微信等对超限值给出预警提示，在手机上点击短信提示信息上的链接可展开了解相关内容，实现预警的智能推送和提示；通过开发自动生成报表功能，设定初步报告格式，实现简单速报的自动生成风险预警报告Word版［包括数据汇总表（峰值、超标情况）、附页显示每个测点的时程曲线图等、风险分析、风险预警处理建议等］。

6.4 典型案例分析

6.4.1 武汉地铁7号线三阳路盾构施工安全风险评估

1. 工程概况

武汉三阳路长江隧道工程为武汉市轨道交通7号线一期工程穿越长江段，越江隧道主线总长4650m，是城市主干路与轨道交通7号线越江段合建隧道工程。江中段大隧道约2600m由全断面粉细砂和上软下硬复合地层组成。在长江武昌岸至江中约200m区域地质陡变复杂（顶覆土变化值约为27m；盾构切削断面由全断面粉细砂层过渡到3/4断面岩层的上软下硬复合地层）。采用2台直径15.76m的超大直径泥水平衡盾构施工，盾构先后从武昌秦园路工作井始发，穿越长江后，到达汉口三阳路工作井。江中段圆隧道结构外径15.2m，内径13.9m。盾构施工风险极大，极易造成开挖面失稳或地表塌陷事故。

在盾构掘进过程中，地表沉降因其高风险性和强影响性成为变形指标中的关键要素。传统通过水准传感器监测隧道断面沉降点的方法因监测频率低而不利于及时发现沉降风险，且地表沉降与地质、工程参数间的复杂关系难以用传统手段准确捕捉。因此，利用工程大数据和机器学习技术，整合地质、工程参数及沉降监测数据，建立预测模型，成为提前识别和控制地铁隧道施工中潜在沉降风险、确保施工安全的有效手段。

2. 地表沉降风险预测

目前沉降风险评估方法包括三维数值模拟和数据驱动方法。三维数值模拟虽然结果可信度高，但模型建立和结果计算是非常耗时的；数据驱动方法适应性强，但模型训练依赖大量高质量的数据，且大多数数据驱动模型的黑箱特性导致预测结果的可解释性下降。目前，一些研究将地铁工程领域的知识嵌入数据驱动模型，以提高沉降风险评估的数据驱动模型的可解释性。其中物理信息神经网络（Physics-Informed Neural Network，PINN）是比较有代表性的一种数据—知识混合驱动模型。该模型利用已知的物理方程来约束和驱动神经网络模型训练，使深度学习模型即使在有限的训练样本下也能有效地泛化，同时，物理方程的嵌入极大地提升了模型预测结果的可解释性和置信度。

在地铁盾构施工诱发的地表沉降预测中，PINN的应用充分利用了沉降经验公式和数据驱动模型的优势。在本项目中，沉降监测点按15环间隔设置；土体参数取自地质调查和室内试验；盾构操作参数由盾构机装有运行支持系统获得，通过盾构机上的传感器可以实时监测包括土仓压力、总推力、刀盘扭矩等多个盾构操作参数。该PINN的结构如

图6-11[81]所示，其中半无限空间的Mindlin弹性解和沉降观测值被纳入混合损失函数中，用以指导神经网络的训练。结果表明，物理知识和数据混合驱动模型的表现优于纯数据驱动模型（图6-12[82]）。因此，在施工安全智能化管理中，工程大数据和深度学习的应用提高了风险预警的效率及准确性，而工程领域的知识和经验仍是施工安全管理模型的重要参考依据及辅助工具，其重要性不可忽视。

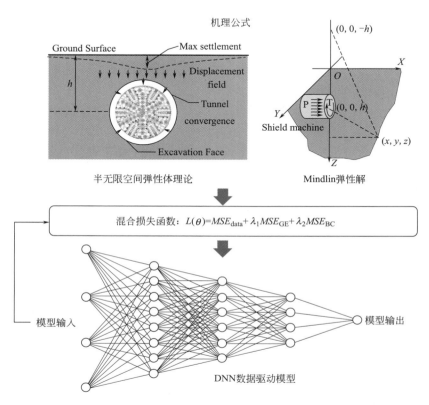

图6-11 物理－数据混合驱动地铁盾构施工风险评估模型结构[82]

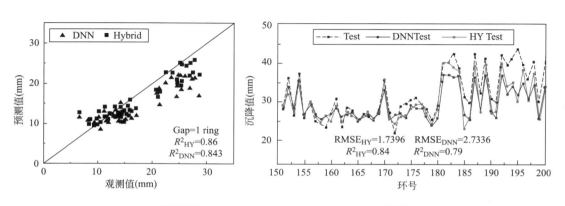

图6-12 地铁盾构施工风险评估模型比较[82]

6.4.2　基于文本挖掘的地铁施工安全隐患排查及可视化

1.　工程概况

地铁施工具有项目周期长、人员流动性强、地上地下交叉作业频繁、劳动强度高等特点，通常面临坍塌、渗水、高坠等施工安全风险。为了保障施工作业安全，大量地铁施工单位建立了隐患排查系统，同时累积了大量结构化、半结构化、非结构化的施工隐患文本记录。由于缺乏自动分析处理工具，此类数据主要用于存储和查询，并未转化为公司的数字资产，其中蕴含的地铁施工隐患规律信息未得到充分挖掘。隐患数据在数据库中逐年累积，数量庞大且复杂，导致排查工作高度依赖导则与安全员的经验，人力成本高昂。因此，如何有效挖掘这些文本数据中的有价值信息，以更好地排查隐患并发现其中的规律，成为当前亟待解决的问题。

随着大数据分析技术的快速发展和广泛应用，在地铁施工安全隐患排查中，利用机器学习技术挖掘反映地铁施工安全问题的关键信息，如隐患类别、排查要点及隐患的时空分布规律等，面临重大需求。这可以最大限度地发挥历史数据的应用价值，还能有效提升地铁施工安全管理水平，减少施工安全事故的发生。

2.　地铁施工隐患分析

基于当前地铁施工隐患排查文本数据量大、内容复杂且未充分挖掘的现状，本工程创新性地提出了一个自动化分析隐患记录的框架。该框架融合了中文分词技术、TF-IDF算法以及基于Gibbs的LDA主题模型算法等多种先进技术。框架的核心流程包括文本预处理、高频词筛选、主题聚类以及隐患关键词的可视化处理。在文本预处理阶段，采用中文jieba分词、去停用词处理以及自定义词典等方法，对中文文本进行细致的分词处理。这一步骤旨在统一文本中对同一隐患的不同描述方式，为后续关键词的筛选和聚类奠定坚实的基础。随后，利用TF-IDF算法，从预处理后的文本中筛选出高频词，这些高频词往往代表了文本中的核心信息和关键隐患。紧接着，运用LDA-Gibbs模型对筛选出的关键词进行主题聚类。通过这一步骤可以将具有相似含义和关联性的关键词归并到同一主题下，从而揭示隐患之间的内在联系和分布规律。最后，利用可视化软件对关键词进行可视化处理。根据TF-IDF及LDA-Gibbs模型的处理结果，将各关键词以类别共现网络图和云演化图的形式直观展现。在图中，关键词的大小和距离反映了其出现频率以及与其他关键词的相关性。同时，共现网络图还揭示了各隐患之间的共现关系，为施工人员提供了清晰的隐患防范指南。具体步骤如下（图6-13[83]）：

（1）**数据预处理**：利用Python软件对隐患描述文本进行预处理。这包括使用中文jieba分词技术进行分词处理，去除停用词以减少无关信息的干扰，并根据需要添加自定义词典以优化分词效果。

（2）**关键词重要性评估**：采用TF-IDF（Term Frequency–Inverse Document Frequency）算法评估每个词在数据集中的重要性，从而便于整体概括隐患描述中的关键词，为后续分析做准备。

（3）**主题识别与关键词筛选**：进行文本主题挖掘前，首先需要确定最佳的主题数，以保证聚类结果的最优性。本工程采用困惑度（perplexity）指标来选择最佳的主题个数 K。然后利用基于 Gibbs 抽样的 LDA（Latent Dirichlet Allocation）模型，从大规模隐患描述语料库中抽取潜在的主题信息和隐患排查要点。通过 TF-IDF 算法筛选出具有较高权重的关键词，这些关键词将作为 LDA 模型的输入特征。

（4）可视化分析：考虑时间特征，采用 Word Cloud（词云）对隐患描述进行可视化分析，绘制隐患词云演化图，从而展示隐患描述中关键词随时间变化的趋势。

（5）隐患描述标签与类别定义：基于 LDA-Gibbs 聚类结果，推断出隐患描述的标签，并定义类别。随后结合隐患描述类别和具体隐患，利用可视化软件 Gephi 绘制隐患 Word Co-occurrence Network（共现网络），以挖掘隐患之间的内部相关关系。这一步骤有助于施工人员更好地理解隐患之间的关联性，从而制定更有效的防范措施。

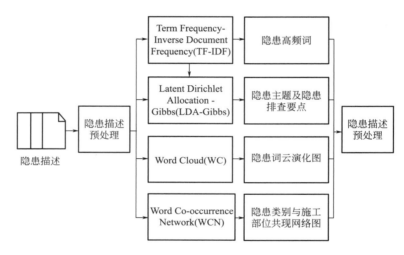

图 6-13　地铁施工安全隐患排查要点挖掘与可视化流程图[83]

实验结果表明，本案例提出的框架充分结合了文本挖掘技术与可视化手段，成功从地铁隐患排查系统中积累的大量历史数据中提取出潜在的隐患信息，并通过可视化展示了这些信息，避免了繁重的人工工作。具体而言，如图 6-14[83]、表 6-1[83]、图 6-15[83] 所示，通过分析 2016～2018 年的隐患词云演化图，笔者发现"基坑"这一关键词始终占据显著位置，且其显示的尺寸较大，这一趋势直观地反映了近年来基坑开挖深度不断增加的现象，以及基坑施工阶段作为隐患高发期的突出地位。该发现凸显了在基坑工程中加强质量控制的重要性。进一步地，基于隐患共现网络图的分析，识别出地铁施工现场最常见的三类隐患，包括临边防护、现场用电及工人安全防护用品方面的隐患，且这三类隐患与"基坑"施工有着密切的关联性。这表明，在基坑施工过程中，必须重点关注并加强这三类隐患的防控措施。因此，本案例提出的框架不仅为隐患排查工作提供了强有力的数据支持，还有效地从海量信息中挖掘出关键隐患点，大幅提高了文本数据处理效率，从而节约了人力和物力资源。这一成果对提升地铁施工安全管理水平、减少安全事故具有重要的实际意义。

地铁施工隐患排查要点[83]

表 6-1

序号	隐患主题	隐患排查要点
1	起吊设备隐患	1. 吊车支腿未打开；2. 吊车资料未报备；3. 吊车小勾未设置限位器；4. 吊钩保险装置损坏
2	模板隐患	1. 模板拆除伤人；2. 模板清理不干净；3. 钢模螺栓松动
3	消防设备	1. 灭火器失效；2. 民工宿舍区消防设施缺失
4	上下通道隐患	基坑或工作井人员上下通道设置不符合要求或未设置上下通道
5	现场用电隐患	1. 配电箱一闸多机；2. 接线未经过漏电保护器；3. 配电箱接零线和地线不规范；4. 缺少配电箱巡检记录
6	混凝土隐患	1. 施工缝凿毛处理不当；2. 顶板，侧墙，地下连续墙等部位混凝土存在蜂窝麻面等质量问题
7	钢丝绳隐患	1. 钢丝绳断丝；2. 吊篮钢丝绳无防冲顶限位装置
8	工人安全防护隐患	1. 工人高处作业未系安全带；2. 工人未佩戴安全帽
9	数据监测隐患	1. 基坑沉降监测，盾构姿态监测，地表隆起监测超限；2. 监测点保护措施缺失
10	钢支撑架设隐患	基坑出入口钢支撑架设不及时
11	边坡滑移隐患	冠梁槽边坡坡度较陡或边坡未进行防护
12	气瓶隐患	1. 乙炔瓶和氧气瓶安全距离不足；2. 气瓶压力表损坏；3. 气瓶暴晒
13	防水卷材隐患	1. 防水卷材基面处理不符合要求；2. 防水卷材铺贴不密实，不平整，搭接部位施工质量差
14	管片隐患	1. 管片渗水；2. 管片破损；3. 管片错台
15	脚手板隐患	脚手板未满铺
16	施工现场监控隐患	未安装施工现场监控设备
17	路面破损隐患	1. 路面破损；2. 雨水箅子下陷；3. 井盖下陷
18	钢筋隐患	1. 钢筋笼焊接质量不达标；2. 箍筋间距不符合规范等
19	违规吊装	1. 无吊装令吊装；2. 违规指挥；3. 信号司索工违规操作
20	初支隐患	初支混凝土喷射滞后或喷射混凝土脱落
21	现场清理隐患	渣土、泥浆、建筑垃圾等未及时清理，文明施工差
22	设备防护隐患	1. 电焊机、切割机、空压机等设备未设置防护罩；2. 电缆破损
23	临边防护隐患	基坑、楼梯等部位未设置临边防护
24	工人支撑行走隐患	1. 施工人员在混凝土支撑上行走，无安全防护措施；2. 高空抛物行为风险
25	基坑围护隐患	1. 钢围檩背后未填充或填充不密实；2. 桩间网喷不及时或施作不规范等
26	杆件搭设隐患	1. 脚手架或支撑架体剪刀撑、立杆、横杆、扫地杆缺失，悬空或搭设不规范；2. 扣件破损或缺失
27	围挡隐患	围挡破损变形
28	坑边堆载隐患	基坑边土方堆载过高，距离过近

序号	隐患主题	隐患排查要点
29	基坑积水隐患	1. 基坑积水未及时抽排；2. 未设置排水沟或排水沟堵塞
30	材料堆放隐患	1. 材料堆放混乱；2. 杂物未及时清理
31	渗水隐患	1. 出入口、地下连续墙、屋面渗漏水；2. 钢板止水带埋设不规范
32	隧道运输隐患	1. 隧道走道板松动；2. 电瓶车载人，未安装防溜车装置；3. 隧道照明不足；4. 隧道未安装通风设备
33	侵限隐患	围护桩侵限
34	隧道积水隐患	隧道积水未及时抽排

2016隐患词云图　2017隐患词云图　2018隐患词云图

图6-14　2016～2018年隐患词云演化图[83]

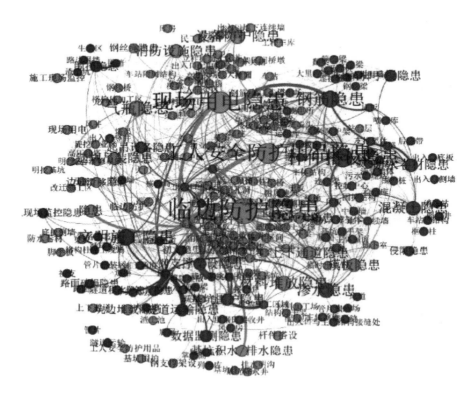

图6-15　地铁施工隐患类别与施工部位关联网络图[83]

3. 安全隐患文本分类

文本分类是一种将文本数据自动分配到预定义类别或标签中的技术。对于隐患描述文本这一施工安全信息的重要载体而言，文本分类具有极其重要的应用价值。隐患描述文本不仅是施工安全管理的重要材料，而且通过对其进行分类，可以高效地分析隐患规律，合理编制隐患排查方案。然而，传统的人工阅读隐患描述文本并进行分类的方法存在诸多不足。这种方法不仅耗费大量时间和资源，而且分类结果往往受到个人主观性的影响，导致分类结果的不准确性和不一致性。因此，实现高效的文本分类技术对于及时发现潜在的安全隐患至关重要。在这一方向上，文本挖掘技术成为一种有效的工具。通过文本挖掘技术，可以对大量的隐患描述文本进行自动化处理和分析，提取出关键信息和特征，从而实现准确的文本分类。这种技术不仅可以大大提高分类的效率和准确性，还可以减少人力资源的投入，降低分类成本。在实际应用中，可以根据隐患的类别将描述文本进行分类，并制定相应的分类标准和标签。然后，利用文本挖掘技术对这些文本进行预处理、特征提取和分类算法的应用，最终实现自动化的文本分类。通过这种方法可以更加快速地识别和发现潜在的安全隐患，为施工安全管理提供更加有力的支持。

在处理自然语言处理（NLP）任务时，CNN（卷积神经网络）和RNN（循环神经网络）虽然各有优势，但也存在明显的局限性。CNN在处理序列化数据时，其卷积操作往往难以捕捉到全局的上下文信息；而RNN则因其内存资源高占用性，在处理长文本时可能面临性能瓶颈。为了克服这些缺陷，目前文本分类中表现良好的深度学习方法通常采用结合注意力机制的编码器–解码器架构，其中BERT（Bidirectional Encoder Representations from Transformers）模型是一个典型的例子。BERT在多项自然语言处理任务中取得显著成果，其核心结构基于Transformer网络。它摒弃了传统CNN或RNN结构，从而克服了它们在处理自然语言时的局限性。该模型的核心特征是多头注意力机制，它使模型能够在处理信息时捕捉到更丰富的上下文信息。这一结构能够区分文本中不同词汇的重要程度，通过计算每个词汇与其他词汇之间的注意力得分，实现对文本中重要信息的高效提取。这种机制使Transformer在处理自然语言时能够捕捉到更丰富的上下文信息，从而提高文本分类的准确性。此外，BERT模型还采用双向编码技术，即同时考虑文本中每个词汇的前后文信息。这种双向编码方式使BERT能够更准确地理解文本的含义，进一步提高文本分类的效果。因此，结合注意力机制的编码器–解码器模型结构，特别是以Transformer网络结构（图6-16[84]）为基础的BERT模型，在处理自然语言处理任务时具有显著的优势。它们克服了CNN和RNN的局限性，实现了对文本中重要信息的高效提取和准确理解，为文本分类等自然语言处理任务提供了新的解决方案。

BERT模型在地铁施工安全文本分类中表现优异。如表6-2所示，在基于《地铁工程施工安全评价标准》GB 50715-2011的170个类别的分类任务中（示例如表6-3所示），BERT的分类精度均优于基于CNN和RNN的模型。

安全隐患数据集示例 表 6-2

隐患类别	隐患描述
主体结构质量	CX7 监控点被渣土覆盖超过 24h，未清理
钢筋加工与生产	底板底部直径 18mm 的分布筋间距设计值 150mm，实测值为 180mm
基坑施工环境	底部悬架未及时拆除，存在安全隐患
临边保护	临边洞口无防护设施
个人防护用品	两名工人在不吊安全绳的情况下刷涂料
盾构掘进施工	右线 151 环管有轻微泄漏
基坑边堆载	钢支撑与基坑围堰之间的距离小于设计要求

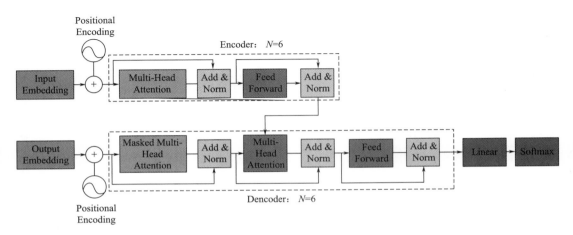

图 6-16 Transformer 网络结构[84]

不同算法隐患分类效果对比 表 6-3

序号	分类算法	平均准确率
1	TextCNN+BiGRU	75.31%
2	TextCNN	74.82%
3	BiGRU+Attention	75.18%
4	TextRCNN	75.26%
5	BERT	86.91%

6.4.3 石化工程项目施工安全智能管理系统

1. 工程概况

石化行业作为我国国民经济的重要支柱，与人民生活、国防以及其他关键领域密切相关。与一般工程项目相比，石化工程建设具有其独特的行业特点和挑战，这些特点使其安全管理面临更大的难度。首先，石化工程往往需要设计、施工和生产同步进行。虽然这种模式能够有效缩短工期，但带来了更高的安全风险。在此过程中，各环节的衔接与协调要求极高，一旦发生失误，可能导致严重的事故，造成巨大的经济损失和人员伤亡。其次，石化工程涉及的承包商数量庞大且涵盖多个专业领域，复杂的作业环境使安全管理的难度进一步加大。各个承包商之间的安全标准、作业流程和管理模式可能存在差异，这增加了安全管理的复杂性和不确定性。同时，多专业作业的交叉也可能导致安全风险的叠加和放大。此外，石化工程建设中特种作业多，技术风险高。这些特种作业往往涉及高温、高压、易燃易爆等危险因素，对作业人员的专业技能和安全意识要求极高。随着石化工程规模的不断增大，技术风险也在不断增加，这对安全管理提出了更高的要求。除了上述特点外，石化工程建设还面临一些其他问题。例如，缺乏对技术工种的审查可能导致作业人员技能不足或不符合安全要求；现场实时监控困难可能使安全隐患无法及时发现和处理；施工有害能量隔离困难则可能增加事故发生的概率和后果的严重性。因此，针对石化工程建设的特点和难点，必须采取切实有效的安全管理措施。例如，加强设计、施工与生产之间的协调与沟通，确保各个环节之间的无缝衔接；加强对承包商的安全管理和监督，确保他们遵守安全标准和作业流程；加强对特种作业人员的培训和考核，提高他们的专业技能和安全意识；加强现场实时监控和有害能量隔离等措施，及时发现和处理安全隐患。只有这样，才能确保石化工程建设的安全顺利进行。

针对上述问题，中韩（武汉）石油化工有限公司基于工程物联网、BIM、数字孪生等关键技术研发了施工安全管理系统，其系统架构如图6-17[85]所示。该系统实现了高效的现场人员资质审查、行为规范，以及施工现场的实时监控和主动控制。

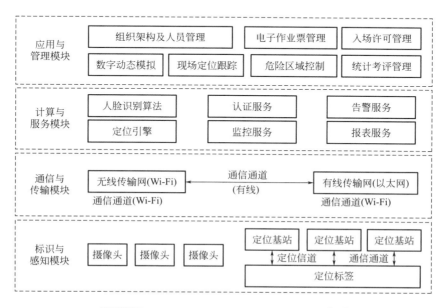

图6-17 石化工程安全智能管理系统架构[85]

2. 基于人脸识别的石化施工作业许可管理系统

针对石化工程建设项目中作业人员众多且包含高危特殊工种，以及传统纸质作业票管理存在的监管疏漏和效率低下问题，研发了基于人脸识别、目标检测、跟踪的人员安全管控模式，通过建立电子档案实现电子作业票管理、严格入场许可验证以及统计考评管理等功能，有效提升了石化工程安全管理的效率和准确性，确保施工现场的安全秩序和作业人员的安全健康。

（1）电子档案管理

施工安全智能管理系统能够汇总有需要进场的作业人员的身份信息，包括人员照片、工种信息、工作单位信息、身份证号信息等（图6-18[85]），并提供人员身份、培训状态、作业资质、组织单位、劳务行为等信息的一体化管理服务。电子档案的建立，一方面为现场人员安全管理提供数据支撑，另一方面实现了工人实名制管理，这为施工人员权益的保障起到积极作用。

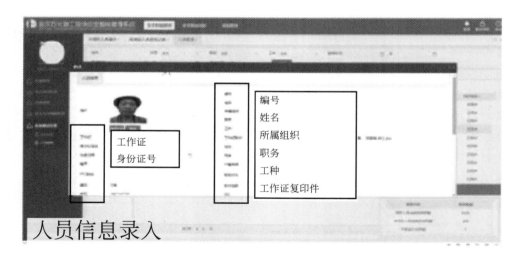

图6-18 人员身份管理界面[85]

（2）电子作业票管理

电子作业票用于对当天参与高处作业等8种高危作业的施工人员进行授权（图6-19[85]）。相比纸质作业票，电子作业票实现了人员作业信息的痕迹管理、作业许可信息的查询和追踪、特定作业区域管理人员履职行为的在线查询和追踪。

（3）入场许可管理

系统通过摄像头获取人员进场实时视频流，结合内嵌的机器视觉算法，对视频中的进场人员进行人脸检测、识别，并将其与人员电子档案中的信息进行匹配和跟踪。系统识别界面如图6-20[85]（a）所示。对于验证失败的人员，系统会触发声光警报，同时记录违规进场行为［图6-20[85]（b）］。此外，该系统还具备群体进场身份快速识别的功能，通过构建人员时间序列，有效减少漏报、重复报警和误报警的发生概率。

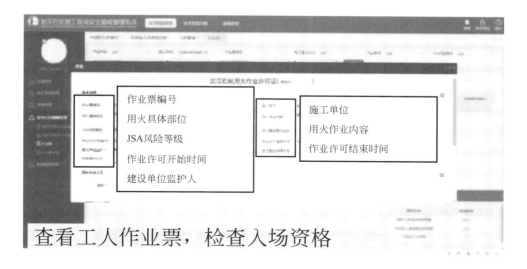

作业票编号
用火具体部位
JSA风险等级
作业许可开始时间
建设单位监护人

施工单位
用火作业内容
作业许可结束时间

查看工人作业票，检查入场资格

图6-19 电子作业票管理界面[85]

(a) 施工区域入口处监控视频显示界面
(深色为非法人员，浅色为合法人员)

(b) 项目人员违规进场消息通知界面

图6-20 入场许可管理界面[85]

（4）统计考评管理

石化工程建设项目施工安全管理系统具备强大的统计考评管理能力。该系统不仅能够精确记录违规进场等不安全行为，还能详尽地汇总并分析特种作业情况、人员考核情况、承包商考核情况等关键信息。通过设定每周、每月等不同的时间节点，系统能够自动生成各时间段的管理统计报告，为施工人员和管理单位提供全面、准确的安全考评和资质授权依据。这一功能不仅有助于提升施工现场的安全管理水平，还能为施工人员的职业发展和管理单位的决策制定提供有力支持。统计考评管理界面如图6-21所示。

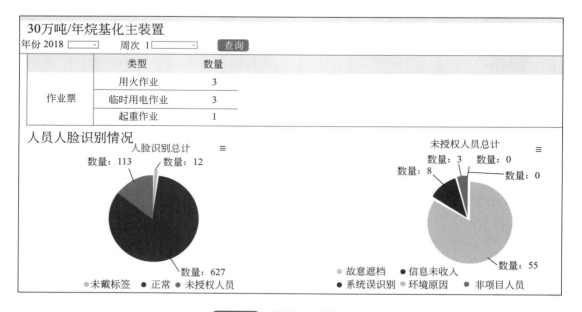

图6-21　统计考评管理界面

3. 基于BIM的石化现场风险管理系统

石化工地由于存在大量潜在危险能量，其安全管理面临巨大的挑战。石化现场风险管理系统结合BIM、实时定位等技术，通过电子围栏的绘制解决了物理屏障难以主动预警响应等局限性，实现了石化工地现场作业风险能量隔离与主动控制。其中，利用BIM技术实现现场实时建模与风险实时识别，利用定位技术采集人员实时的轨迹信息。该系统的主要功能包括数字工地的可视化显示与自动更新、施工人员状态查询与监控、危险区域的能量隔离和控制管理等。

（1）数字工地可视化管理

工程建造是时空动态变化过程，随着施工的推进，现场结构和周边环境会不断演变，导致风险区域也随之动态变化。为了有效应对这一挑战，施工安全管理系统引入数字动态仿真功能，导入施工区域的BIM模型，生成能够随着施工进度自动更新的施工区域数字动态模型（图6-22[85]）。这一模型实现了整个施工过程的可视化模拟，使管理人员能够分析预测施工过程中可能遭遇的风险，并精准识别出施工中的重难点作业环节。通过这种方式，项目管理者可以制定针对性的预防措施，从而显著提升施工安全性和效率。

图6-22　数字动态模拟界面[85]

（2）施工人员状态的查询与监控

现场定位与跟踪功能依赖于作业人员在入场前佩戴的定位标签以及现场安装的定位基站，通过结合蓝牙技术和相控阵雷达定位系统，实现对施工人员的高精度定位（图6-23[85]）。同时，系统提供人员劳务状态管理服务，主要包括：①参建人员位置信息实时跟踪及历史轨迹查询，并关联作业人员身份、工种、单位信息；②现场人员的分色显示与管理；③劳动强度监控与时间提醒。该功能保证作业人员出现在合适的位置，防止其出现违规行为。

图6-23　定位轨迹跟踪界面[85]

（3）危险区域电子围栏管理

该系统基于BIM数字工地，自定义绘制动态电子围栏，构建电子安全屏障，将现场人员与潜在危险源有效隔离，实现了对危险区域和特殊作业空间的高效管理。系统能够综合施工人员和机械设备的定位信息、施工人员的工种及作业票等属性，智能判断施工人员是否违规进入危险区域或特殊作业空间。一旦发现施工人员未经许可进入这些区域，系统立即触发报警机制，及时反馈不安全行为（图6-24[85]）。值得一提的是，该系统还能根据不同岗位及资质的施工人员在特定危险区域的不安全行为评定规则进行差异化管理。例如，对于需要特定人员值守的危险区域（特殊作业空间），若该人员未在岗，系统会发出报警；若其他无资质人员误入该区域，系统同样会触发报警，确保施工现场的安全管理更加精细化、智能化。

图6-24　危险区域和特殊作业电子围栏及施工人员进入示意[85]

第7章 智能化工程项目协同管理

7.1 基本概念

智能化工程项目协同管理是一种在工程项目全生命周期运用数字化技术和智能化设备,对工程项目进行全面感知、信息共享、互联协同、分析决策,进而提高建造过程智能化水平的管理模式。通过智能化设备对现场数据的感知采集,结合数字化管理平台对项目信息的协同处理,为项目提供数据支撑,加强过程管控,赋能分析决策,全面提升现场综合管理能级。

7.2 主要技术方法

一直以来,工程项目存在建设周期长、参建单位多、人员流动大等特点,从而导致在传统模式下,项目各参与方之间缺乏有效的沟通与协同,项目管理处于粗放状态。物联网、BIM(建筑信息模型)、云计算、大数据、人工智能等新一代信息技术在建筑行业的迅速发展与应用,为通过智能化手段进行工程项目协同管理创造了先决条件。

智能化工程项目协同管理的应用基础是通过采用物联网技术实现对现场信息的全面感知与可靠传输。物联网技术,是指通过信息传感设备,按约定的协议,将施工现场中的任何人员或物体与互联网连接起来,进行信息交换和通信,以实现智能化识别、定位、跟踪、监控和管理[1]。物联网技术在项目现场已经得到广泛应用,例如通过人脸识别技术进行劳务实名制管理、项目门禁管理;通过内置于预制构件的RFID(射频识别系统)标签精确定位构件吊装位置;通过卫星定位系统进行物料跟踪;通过视频监控系统进行场况监督与指挥调度;通过传感器设备进行环境监测与施工安全监测等。工程现场的物联网技术应用,是以物与物、人与物之间的信息交互为核心,对现场信息进行全面感知、可靠传输,这也是项目信息数据的重要来源。

智能化工程项目协同管理的主要呈现形式是采用BIM、VR、MR、AR等技术辅助项目协同管理实施。通过采用BIM技术,以建筑物三维图形为载体,集成各种建筑几何参数及信息参数,形成数字化、参数化的建筑信息模型。集成轻量化BIM模型的数字化管理平台能够将施工过程管控信息与BIM模型进行有机结合,进行可视化的施工策划、工序验收、巡检定位、工程量统计,实现对项目进度、质量、安全、成本的智慧协同管控。通过综合采用VR、MR、AR等虚拟现实、混合现实、增强现实技术,实现人、模型、实物之间的信息交互，使管理者能够沉浸式查看、体验项目各个部位细节及其实施情况，更好地执行管理工作。

智能化工程项目协同管理的主要应用手段是通过数字化管理平台实现信息共享与互联协同。通过云服务搭建的数字化管理平台，将采用物联网技术感知采集的现场海量数据进行集成，实时与平台内所有成员共享，实现对现场情况的即时响应。平台具备计算能力，能够根据项目管理需求对数据进行自动分析，形成数据图表，辅助管理人员快速掌握情况并判断发展趋势，实现对项目的预警预控。平台具备协同能力，能够使不同单位不同角色的人员根据各自的平台权限共同完成相应的项目管理流程，实现多终端远程无纸化办公及管理过程闭环留痕，提高了项目协同管理效率。

智能化工程项目协同管理的关键是充分发挥和利用工程大数据辅助工程项目管理实施。随着工程项目的建造实施，会产生体量巨大、种类繁多的工程数据。通过采集、存储、清洗、处理和分析这些工程数据，有针对性地利用工程大数据进行施工推演和建立智能算法模型，并与业务实施的工艺、装备及管理流程融合，实现其可根据预设条件能够主动进行自我调整和业务实施，从而达到辅助项目管理人员进行项目管理和预估决策的成效。

7.3　应用实施要点

智能化工程项目协同管理通过新一代信息技术和人工智能算法的综合应用，辅助项目管理业务实施的重要工具。其应用实施包括以下要点：

1. 组织管理

项目管理层应高度重视智能化协同管理工作，积极组织开展项目智能化建设，建立健全管理机制，协调实施配套资源。在策划阶段，明确各条线管理职责，对项目各层级实施应用智能化协同管理进行宣贯指导，提升项目全员对智能化协同管理的认知水平。在实施阶段，加强对工作进度和落实效果的检查，在监督评价推行情况的同时，对相关工作进行动态优化调整，保障智能化协同管理可持续发展。

2. 场景策划

智能化工程项目协同管理的目的是借助数字化、智能化手段提升现场工作效率和管理水平，其建设必须紧紧围绕现场业务场景展开，才能真正落地实施并产生价值。智能化场景应聚焦人、机、料、法、环五大生产要素，对人员管理、机械设备管理、物料管理、进度管理、质量安全管理、成本管理、绿色施工管理等业务场景实现事前预防预控、事中智能管控、事后统计分析、过程智慧决策的管理模式[86]，在满足项目管理需求的同时，还需兼顾企业整体规划和政府监管要求。场景策划决定了项目智能化协同管理建设的应用规模与实施方向，在此基础上，应制定实施方案及标准化流程制度，确保工作有序开展。

3. 基础建设

通信网络、控制机房等基础设施建设是施工现场进行数据采集、传输、存储、处理的必要条件。通信网络支撑各类传感器、图像采集、定位跟踪等物联网设备应用于施工现场关键环节，实现现场数据的智慧感知、实时监控和快速传输，提高数据采集的及时性、准确性和响应速度。控制机房为路由器、网关、服务器等设施提供稳定可靠的工作环境，支撑终端设备的数据存储、数据处理及数据共享。

4. 软件集成

施工现场通过专业化系统能够实现各条线专项业务场景的智能化管理，例如实名制管理系统、视频监控系统、基坑监测系统等。智能化项目协同管理更强调运用集成管理平台，将原本各自独立的系统模块进行有效整合，筛选关键数据进行分析，提取通用数据进行共享，避免形成信息孤岛。通过集成管理平台大数据，对项目全局情况进行综合分析、协同管理、智慧决策。集成管理平台应注重系统数据安全及分级权限控制，在此基础上开发标准数据接口，对接项目各专业子系统及政府监管平台。进一步地，打造标准数据架构对项目大数据进行整理、筛选、分析、展示，为项目各项管控内容提供智能化决策支撑。

7.4 典型案例分析

7.4.1 西湖大学项目全生命周期智能化管理

1. 工程概况

西湖大学建设工程项目（图7-1）由上海建工集团股份有限公司等单位组成的联合体，采用PPP模式进行建造。项目于2019年动工，总建筑面积达45.6万平方米，包括3年项目建设与17年运营维护，共20年服务期，是第一个由社会力量筹建的民办新型研究型大学标志性项目。

2. 实施规划

本项目的智能化工作贯穿西湖大学项目建设全生命周期，旨在通过项目全过程智能化管理，打造智慧工地、智慧建造、智慧运维的标杆项目。主要包括以下工作内容：

（1）横向覆盖——现场智能化

工程项目的管理重点聚焦于劳务实名制、施工机械、施工材料、施工环境、施工安全、质量验收等方面。通过智能化设备实现现场数据高效采集，依托数字化管控平台实现信息实时共享，有效提高各条线工作的响应速度与协同效率，横向覆盖现场"人、机、料、法、环"各项管理重点。

（2）纵向贯穿——过程智能化

项目建设过程中，将智能化管理贯穿材料采购、运输、使用、验收全过程。通过将数字化管控平台中提取的模型工程量与计划工程量、现场实物量进行偏差比对，进而分析现场管理不足之处并及时加以调整，实现项目过程的动态管控。

（3）建造数据交付——运维智能化

基于建造过程中形成的数字模型与施工信息数据库，按照运维标准进行信息清理与完善，并交付应用于项目运维阶段，保障校园基础设施的稳定运行与应急处置，协助校方对西湖大学项目进行建设资产管理及运维质量监管，实现智慧运维。

图 7-1　西湖大学建设项目效果图

3.　实施应用

（1）现场智能化

1）实名制管理

本项目参建单位及劳务用工众多，为加强实名制管理力度，将劳动力姓名、单位、班组、年龄、工种、岗位证书等信息纳入数字化管控平台统计管理，并与项目人脸识别设备联动，在保障进出场人员均为平台在册人员的同时，生成考勤记录统计[87，88]。

在此基础上，对各单位管理人员数量、各单位工人数量、各类工种人数分布、务工人员年龄分布进行数据分析，并输出图表，从而能够直观把控现场人员情况，辅助劳动力管理。如图 7-2 所示。

在依法合规用工方面，智能化管控平台加强对超龄务工人员的管理。平台内人员年龄信息随时间动态更新，平台能够根据设定的超龄年限加以判定，对于超龄人员不予录入。在项目建设期间发现工人年龄接近超龄红线，系统将提醒管理人员及时处理，保障项目用工的规范性。

2）车辆管理

随着工程建设的开展，车辆运输日趋繁忙。为保证现场施工道路通畅，通过配备 AI 智能算法的监控摄像头在运输主干道划定禁停区域，出现车辆违规停靠时，智能摄像头对其进行抓拍记录，语音报警，提醒车辆及时驶离禁停区域，保证现场运能[87，88]。如图 7-3 所示。

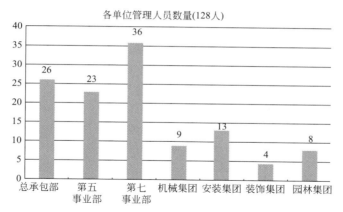

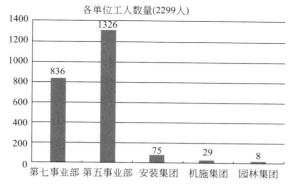

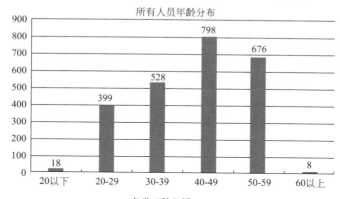

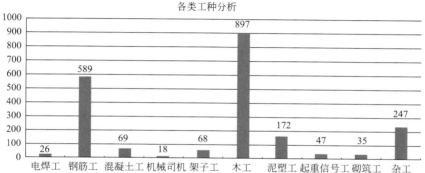

图7-2　人员信息数据分析

图 7-3　车辆违停抓拍

现场通过对车辆进出场进行二次称重统计每日材料用量。自2020年6月中旬开始，单日进场材料呈大规模上升趋势。平台统计数据显示，6月材料进场峰值发生在18日，根据车辆类型识别，单日混凝土进场1100m³。通过相关资料信息的互相验证，18日进行了多个部位的混凝土浇筑施工，模型量约为1062m³，料单计划量为1020m³，现场验收量约为1089m³，这些数据与地磅称重数据基本吻合。

3）基坑监测

基坑施工阶段，平台对接各类传感设备，对基坑沉降、侧斜、水位、支撑轴力等数据进行全天候监控记录，并在平台形成数据统计分析图表。当监测数据超过平台设定的各项监测数据报警阈值时，报警接收人能够收到平台的主动推送提醒，进而及时采取必要措施[88, 89]。

4）环境监测（图7-4）

项目应用扬尘、噪声、空气温湿度智能化监测设备，并与数字化管控平台对接，实时监控数据变化，支持现场文明施工与绿色工地建设[87, 89]。

5）安全行为识别

为保障施工人员安全作业，通过现场布设基于AI图像识别算法的智能摄像头，对务工人员反光背心、安全帽未穿戴等不安全行为进行智能监控。发现违章作业时，在平台生成违章记录，辅助管理人员及时进行现场纠正及事后总结教育[87-89]。

6）机械运行监控

项目塔式起重机、人货梯配备运行监控系统，记录大型设备的运载数据，实现群塔防碰撞及人货梯运输超载报警记录等功能。大型机械配备的人脸识别系统，能够识别机械操作人员，并与平台数据库进行比对，同时检测其资质证书的有效性[86, 87]。

7）现场协同管理

管理人员可以通过平台移动端即时发布质量、安全问题，并通知相关人员落实整改。问题处理完毕后，平台对其逐条记录，分类统计。通过对现场专业单位责任问题数量、是否及时整改的总结分析，有效督促现场规范作业，提升项目管理能效[87, 88]。

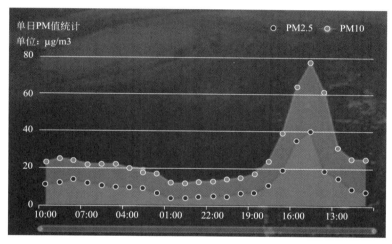

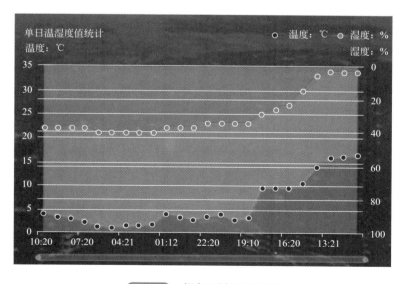

图7-4　绿色工地环境监测

（2）过程智能化

西湖大学项目建设过程中，重点着眼于过程智能化，针对实现数字信息贯通建造与运维、构建项目全过程信息数据库的目标进行了实践与探索。

具体来说，是对现场各类建筑材料和机电设备跟踪招标采购（简称招采）、运输、安装、验收每一个环节，进行全过程智能化管理[86, 87]，如图7-5所示。

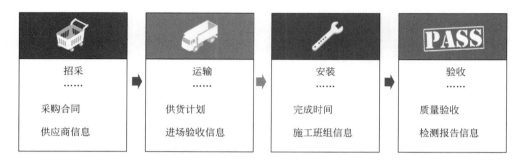

图7-5 智能化管理纵向贯通

借助智能化管理平台的信息集成优势，项目进行了如下工作：

第一步，根据检验批划分原则，拆分BIM模型，以检验批为单位使BIM模型能与现场实际一一对应（图7-6）。同时，建立材料设备清单与合同供应商目录，查漏补缺防止漏项。在对装饰专业饰面和基层材料量的梳理过程中，通过与预结算清单量的比对，整理出学术环集成带、学术交流中心玻璃隔断以及B3_E区钢质门三部分漏项内容。

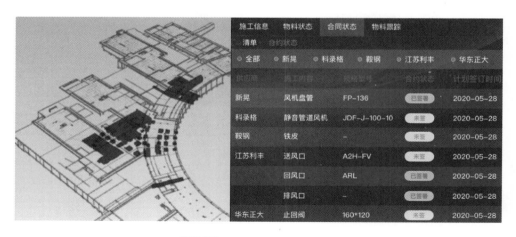

图7-6 模型检验批拆分比对

第二步，将智能化管控平台中提取的模型工程量与计划工程量、现场实物量进行偏差比对，作为现场情况的分析依据。

第三步，对于已开展实物量施工的专业，校核现场计划可靠度，分析计划用量与实际用量产生差异的原因，及时纠偏。对于混凝土按计划浇筑的部分，模型量相比计划量一般多出2%的偏差，而实际用量相比计划量多出3% ～ 7%的偏差。结合现场施工情况分析，进入上部结构施工后，由于杭州市混凝土供应量不足，造成一定的延误。项目部当即采取措施，将要料计划改为每周两报，确保供应商能够提前备料。同时，调整混凝土浇筑计划，尽量实现错峰浇筑。

第四步，对于未开展实物量施工的专业，着重于施工推演。通过模拟施工计划、工程量与劳动力安排，分析多专业交叉施工阶段用工高峰情况，提前做好管理准备。

"量的比对"与"施工推演"构成了西湖大学项目建设过程智能化的主要环节。借助智能化管理平台进行"量的比对"校核计划可靠度，及时调整纠偏。通过"施工推演"调整施工计划与劳动力安排，发现潜在问题，做好管理预案。其结果均反映在平台内，为项目建造过程提供第一手原始数据。

（3）运维智能化（图7-7）

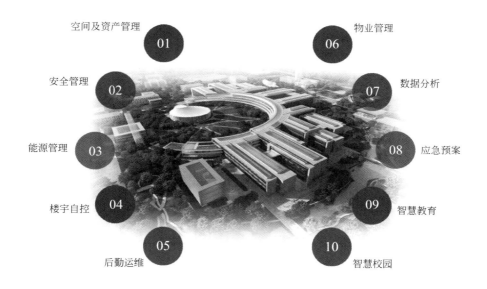

图7-7　运维智能化

西湖大学运用数字化管理平台，对项目建设全过程信息进行了记录和储备。在此基础上，通过与项目施工阶段的衔接，准确掌握各类设施设备资产的建造和运维信息，为运维阶段应用提供数据支持，实现实体工程的数字化交付。

在运维阶段，对物业管理服务、停车场运营管理服务、学术交流中心运营管理服务的运维计划、进展及执行情况进行全局掌控和监督管理，保障校园日常设施管理工作的正常开展。

通过平台在线监测设备资产的运行状态，发现故障报警及时进行处理，提高突发事件的联动响应速度和指挥调度能力。

融合校园海量运维数据，从中挖掘有价值的信息，充分发挥数据价值，在设备、维保、安防、能耗等方面进行大数据创新应用，通过运维智能化的深入应用提高西湖大学智慧运维能力。

4. 应用效果

（1）促进项目管理能效提升

西湖大学项目通过智能化协同管理建设，打造具备全面感知、信息共享、互联协同、分析决策一体化功能的数字化管控平台，对现场人、机、料、法、环各项管理要素进行全方位的智能化管理。同时，整合施工现场AI智能监控系统，横向覆盖项目管理各条线，形成具有高度协同性的信息化管理流程，显著提升项目管理能效。

（2）全生命周期的信息集成

平台以信息模型为载体，集成设计、施工、运维各阶段全过程信息，打造信息数据库。在此基础上，依托平台三维可视化的特点，协助校方进行建设资产管理、设施信息追溯、校园智慧运维。

（3）树立行业示范样板工程

西湖大学的智能化工作，对智慧建造与智慧运维作出了前沿探索，促进上海建工集团股份有限公司在项目管理方面的能效升级，为企业全生命周期服务商综合能力的提升、创新知识体系的积累打下了坚实的基础，同时成功树立了一个里程碑式的示范样板工程。

7.4.2 浦东机场四期工程智能化施工协同管理

1. 工程概况

浦东机场四期工程（图7-8）是上海市"十四五"规划纲要明确实施的重大工程，对推动长三角高质量一体化发展和上海国际航运中心建设具有重要意义。四期工程的核心任务是在卫星厅南侧建设面积达119万平方米的T3航站楼，设计保障能力5000万人次；同时建设面积达103万平方米的交通中心。航站楼与交通中心采用上下叠合方式融为一体，旅客可在此实现零换乘。

图7-8　浦东机场四期工程效果图

浦东机场T3航站楼地下交通枢纽综合体工程是浦东机场T3航站楼工程的地下部分，将成为实现多条轨道交通换乘的重要载体。该工程有利于提升浦东国际机场辐射范围，完善机场综合交通配套设施，加强各重点区域互联互通，满足快速客流的高质量出行需求。

2. 实施应用

（1）以工序管控为核心，提升项目全方位质量管控能级

本项目在桩基围护阶段存在近2万根钻孔灌注桩、1000幅地下连续墙。如此大范围桩基密集施工，易引发质量验收管理粗放、验收材料归集困难等问题。针对上述难点，依托数字化管控平台研发标准化施工工序管理系统，参照规范标准，将桩基施工工序划分为测量定位及护筒埋设、成孔及一清、成孔检测、钢筋检查、钢筋笼吊放及连接、导管下放及二清、混凝土浇筑及试块制作、桩底注浆8步，现场质量管理人员通过工序管理系统对每根桩的每一步工序进行数字化验收，验收合格后方可进行下一步工序施工。

实施过程中，现场管理人员根据工序验收节点，将各道工序的工艺验收信息通过平台内BIM模型所匹配的位置上传。施工人员在每道工序后，即时拍摄水印照片上传并完成信息填报，实现一桩一档的无纸化管理流程。BIM模型涵盖了桩基设计信息，添加了桩基施工信息，同时提供了唯一编码将模型与工序表单相关联。当桩基工序验收完成，相应的BIM模型自动进行进度更新，完成形象进度展示。

（2）以智能调度为手段，创新全流程物料管理新模式

本项目庞大数量的桩基工程混凝土物料运输，面临三大管理难点：一是如何确保2万根桩的混凝土准确无误地浇筑到指定桩孔；二是如何在运输高峰期确保每车混凝土在初凝时间内完成浇筑；三是如何高效收集并管理所有运输单据。针对上述问题，总包方与材料供应方混凝土物料信息管理平台打通数据壁垒，形成一站式混凝土下料、发料及签收的物料智能化管理流程[90]，如图7-9所示。

1）在模型深化阶段，项目部基于"可施工的模型"理念，为所有桩基BIM模型构件赋予"桩编号、混凝土品种、模型方量、区域、混凝土抗渗等级、混凝土强度等级"等下料需要的全部信息。同时，基于上述BIM模型，混凝土物料信息管理平台自动生成各个桩基实体的物料台账，为自动化的智能下料提供数据基础。

2）在桩基物料台账的基础上，现场材料员报料时只需在平台输入"计划方量、计划时间"，即可通过手机端完成下料。完成数据对接的材料搅拌站信息系统收到下料单并完成审核后，即开始生产装车。

3）混凝土进场时，现场人员通过扫描运输车辆司机携带的下料小票二维码进行签收。小票包含混凝土强度等级、桩号信息、坍落度信息、运输时长等，符合要求，则准许入场。若信息不符或不满足验收要求，则拒收遣返，以此从材料源头进行桩基质量控制。

4）平台对接地磅称重系统获取混凝土过磅实物量，与下料方量、模型方量进行偏差对比，并自动计算桩基充盈系数，提高了现场工作效率。

图 7-9　混凝土物料管理系统

（3）以精细管理为目标，实施项目临电管理新举措

临时用电管理是项目施工过程中极为重要的一环，直接关系整个工程的安全和进度。本项目超大面积的场地面临用电量大、用电部位多等情况，高峰时期约有4800台电箱同时作业。为优化现场临电管理效能，在不改变现场原有电箱管理流程逻辑的情况下，将各级电箱的审批验收、巡查管理工作转为线上流程，提高流程运转的协同效率及验收资料归档[90]。

将平台生成唯一二维码张贴在各级电箱上，使电箱拥有唯一识别的"身份证"；通过扫描二维码进行电子巡检，杜绝了更改和补签的可能，确保巡检记录可追溯。当电箱出现故障损坏时，亦可通过扫码即时上报情况，实现电箱智能精细化管理。如图7-10所示。

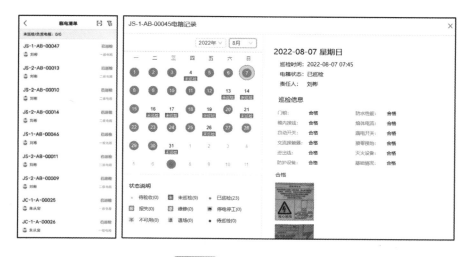

图 7-10　临电巡检记录

（4）以隐患管理为抓手，保障基坑作业人员安全可控

深基坑是建设工程最为复杂的综合性危险源，如何在基坑开挖过程中杜绝各类风险，保证作业及巡检人员的安全，是特大工程亟须解决的问题。

1）为解决深基坑下监控设备信号差、定点监控难安装、通电难等问题，项目部自主研发了自组网式移动监控设备。这套设备由监控探头、大功率充电宝、SD存储卡、4G网络卡、三脚架等组成，可确保在深基坑下连续直播24h画面。利用自组网和桥接技术，这套设备能够实现即使是在30m深的基坑中，监控信号也能与地面保持一致的强度和稳定性。设备高效集成了视频采集前端、通信传输网络、控制存储系统和显示监控终端设备，彻底解决了深基坑下监控盲区的问题。

2）为确保基坑施工过程中巡视工作的及时性和准确性，项目部在基坑内风险较高的地方设置了规定的巡检路径二维码打卡点，巡视人员按照巡检路径依次进行扫码、打卡、上传水印照片，路径全部走完后统计为一次有效巡检，以此最大限度地将隐患扼杀在萌芽中。

3）为实时掌握各个基坑下的劳动力情况，项目在各基坑逆向升降机口均安装立柱式人脸识别机器。设备与劳务实名制数据打通，作业人员通过人脸识别的方式上下基坑，确保管理人员能够精确掌握基坑下人员的数量，以及每位施工人员的姓名和所属班组信息。项目部为基坑巡检人员的安全帽加装了定位装置，通过采用4G+信号基站技术实现高精度定位，实时监测其在基坑内的位置，这些定位数据会同步映射在BIM模型中。如遇突发情况，人员可长按安全帽后SOS键进行报警。报警信息会立刻传输至现场指挥中心中控系统，提高应急响应效率。如图7-11所示。

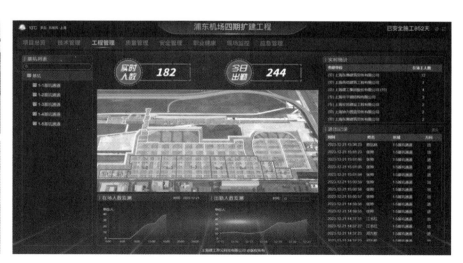

图7-11　基坑作业人员统计记录

3. 应用效果

自2021年底开工以来，本项目依托智能化管控平台，从项目全生命周期出发，利用

BIM、物联网、大数据、人工智能等新一代信息技术，探索了一种建设全过程标准化管理新模式，以科技创新驱动管理技术进步，以管理实践提升项目智能化应用水平。本项目共策划、研发并应用涉及安全、质量、技术、工程、合约、综合6大模块58项信息化应用，形成了具有"总承包、总集成"管理特色的智能化建设成果，为超级工程建设保驾护航。

第8章　智能建造发展展望

　　智能建造作为一种新兴的建造技术，是绿色化、工业化、数字化建造技术的融合与升级版，其发展和应用对于工程建设行业能级提升和转型发展具有重要的意义。要发展和应用智能建造技术，其关键是做好智能建造软硬件的开发、共性技术与个性化技术协同发展。

　　在智能建造"软"能力方面，智能建造要重点关注大数据分析与处理技术、人工智能算法开发、工控系统开发、软件平台开发、智能算力中心等工作，为智能建造奠定脑力的智能支撑。发展和提升智能建造"软"能力的关键，是以大数据的持续发展，实现智能建造的数学规律总结、表达和推演预判分析；以人工智能算法的持续开发，实现智能建造数控方程的构建、执行轨迹的科学规划、智能识别感知能力的提升；以工控系统、软件平台的持续开发与优化，实现智能建造程序控制系统的精准管控、业务逻辑的高效实施；以智能算力中心的持续夯实，实现人工智能算法模型训练、模型运行服务、智算资源利用等能力的持续提升，打造智能建造发展强有力的核心引擎。

　　在智能建造"硬"能力方面，智能建造要重点关注智能建造与工业化建造装置及装备、工程物联网、工程组网的高效融合发展，为智能建造提供强健的四肢和身躯、精准高效的视觉、听觉和感知系统。发展和提升智能建造"硬"能力的关键，是以智能建造与工业化建造装置、装备的融合发展，对现有工程建造装置、装备进行改造、升级和革新，逐步将工地变成工厂，实现工程项目智能工业化建造；以智能建造与工程物联网的科学协同发展，有针对性地重点开发一批内置人工智能算法的数据采集传感器、高精度的图像识别感知装置、小巧精准的智能测定定位装置等通用性智能建造工程物联网装置，从一线工地源端确保智能建造的高效精准落地；以智能建造与工程组网的高效稳定组建，开发一批高穿透性网络传输装置、数据处理装置，确保智能建造的稳定安全实施。

　　在智能建造具体研发实施方面，要重点关注智能建造共性技术和个性化技术、装置、装备的协同发展。工程项目是一个复杂的综合体，智能建造是一个交叉学科的产品，要在工程建设过程中实施智能建造，不仅要针对工程本体建造关键工艺环节引入智能化技术，也要在工程建造过程中涉及的各类工程机械、工程物料、施工人员、环境要素管控中以及对周边建构筑物影响等方面引入智能化技术，以智能化技术实现工程建设模式的变革。其具体研发实施的关键是，通过围绕标准化作业程度高、重复性作业需求大的场景开发一批智能建造共性技术、装置、装备，并不断迭代升级，提高其适用性、经济性，以批量智能建造产品在工程项目上的推广应用，提升智能建造水平和质量；通过结合不同工程项目建设过程各类个性化场景需求，基于智能建造共性技术有针对性地开发一些满足个性化需求的关键技术，将个性化技术与共性技术进行有效组合，减少重复开发，提高开发效率，实现智能建造的科学发展；通过选取一些高危、繁重、环境恶劣的施工人员不便于作业的场景，定制化开发一批智能建造技术、装置、装备，在工程建设实际需求中引入智能化技术解决一线工程技术难题；与此同时，通过加强顶层设计，基于标准化、模块化发展理念，聚焦一些重点方向将开发形成的智能建造共性技术、个性技术、定制化技术、装置、装备进行不断迭代升级，提升其模块化组合能力，实现各类智能建造技术的排列组合协同施工能力，实现智能建造技术、装置、装备的产品化发展，打开智能建造市场，营造良好的智能建造发展氛围。

智能建造是一个系统工程，也是一个多学科交叉融合的结果。智能建造的发展不仅与工程建设领域本身发展现状有关，同时也与工程建设行业相关联的行业智能化发展水平有关。以工程建设行业为主链，从需求端推动智能建造发展，对于我国整体智能化发展水平具有重要的意义；不仅可以以需求为导向，在解决具体工程问题过程中实现智能建造的持续发展，也可以带动工程建设行业上下游产业以及关联行业的智能化发展，可谓是抓住了智能化发展的"牛鼻"，可以很好地促进我国各行各业的智能化发展与转型。但工程建设领域的智能建造发展仍然任重道远，还有很多工作需要做；不仅需要"软""硬"结合、共性与个性化结合式的发展，也需要加强顶层设计，重点关注迭代升级和优化，通过持续发展，方可实现智能建造的科学有序发展。虽然当前工程建设领域智能建造发展水平和应用成效还有很多差强人意和需要改进、完善、革新的地方，但相信随着智能建造的持续发展与应用，一定会给工程建设领域带来不可估量的工效和惊喜，实现工程建设方式的变革式转变。

参考文献

［1］丁烈云．数字建造导论［M］．北京：中国建筑工业出版社，2019．

［2］龚剑，房霆宸．数字化施工［M］．北京：中国建筑工业出版社，2019．

［3］房霆宸．智能化建造技术的研究与探索［J］．建筑施工，2022，44（1）：163-164．

［4］房霆宸，龚剑．数字化施工到智能化施工的研究与探索［J］．建筑施工，2021，43（12）：2594-
2595．

［5］房霆宸．浅谈建筑机器人的研发与应用［J］．施工企业管理，2024（9）：59-61．

［6］周诚，陈健，周燕．智能工程机械与建造机器人概论（机械篇）［M］．北京：中国建筑工业出版
社，2024．

［7］赵铁军，许木璠，陈安东．自然语言处理研究综述［J］．新疆师范大学学报（哲学社会科学版），
1-23［2024-09-21］．DOI：10．14100/j．cnki．65-1039/g4．20230804．001．

［8］赵京胜，宋梦雪，高祥，等．自然语言处理中的文本表示研究［J］．软件学报，2022，33（1）：
102-128．DOI：10．13328/j．cnki．jos．006304．

［9］Bengio Y，Ducharme R，Vincent P．A neural probabilistic language model［J］．Advances in Neural
Information Processing Systems，2000，13．

［10］Vaswani A．Attention is all you need［C］．Advances in Neural Information Processing Systems，2017．

［11］Williams T P，Gong J．Predicting construction cost overruns using text mining，numerical data and
ensemble classifiers［J］．Automation in Construction，2014，43：23-29．DOI：10．1016/j．autcon．
2014．02．014．

［12］Omran B A，Chen Q，Jin R．Comparison of data mining techniques for predicting compressive strength
of environmentally friendly concrete［J］．Journal of Computing in Civil Engineering，2016，30（6）：
04016029．DOI：10．1061/（ASCE）CP．1943-5487．0000596．

［13］Cheng C W，Lin C C，Leu S S．Use of association rules to explore cause－effect relationships in
occupational accidents in the Taiwan construction industry［J］．Safety Science，2010，48（4）：
436-444．DOI：10．1016/j．ssci．2009．12．005．

［14］Sun C，Zhang R，Sharples S，et al．Thermal comfort，occupant control behaviour and performance gap－A
study of office buildings in north-east China using data mining［J］．Building and Environment，2019，
149：305-321．DOI：10．1016/j．buildenv．2018．12．036．

［15］D．Dais，I．E．Bal，E．Smyrou，et al．Automatic crack classification and segmentation on masonry
surfaces using convolutional neural networks and transfer learning［J］．Automation in Construction，
2021，125：103606．

［16］M．-T．Cao．Drone-assisted segmentation of tile peeling on building facades using a deep learning model［J］．

Journal of Building Engineering，2023，80：108063.

［17］Lee J，Yi J S，Son J W. Development of automatic-extraction model of poisonous clauses in international construction contracts using rule-based NLP［J］. Journal of Computing in Civil Engineering，2019，33（3）：04019003.

［18］Xie Q，Zhou X，Wang J，et al. Matching real-world facilities to building information modeling data using natural language processing［J］. IEEE Access，2019，7：119465-119475.

［19］Saka A，Taiwo R，Saka N，et al. GPT models in construction industry：Opportunities，limitations，and a use case validation［J］. Developments in the Built Environment，2024，17：100300. DOI：https：//doi. org/10. 1016/j. dibe. 2023. 100300.

［20］Huang Z，Wu X，Chen X，et al. Openins3d：Snap and lookup for 3d open-vocabulary instance segmentation［C］. 2023.

［21］Qi Z，Fang Y，Sun Z，et al. GPT4point：A unified framework for point-language understanding and generation［C］. Proceedings of the IEEE/CVF Conference on Computer Vision and Pattern Recognition，2024：26417-26427.

［22］住房和城乡建设部办公厅. 住房和城乡建设部办公厅关于 2020 年房屋市政工程生产安全事故情况的通报. 建办质〔2021〕17 号，2021.

［23］Feng J，Jia H，Pei H，et al. Research on the application of residual networks considering attention mechanism in concrete curing robot［J］. Developments in the Built Environment，2024，17100350.

［24］Zeng L，Guo S，Zhu M，et al. An improved trilateral localization technique fusing extended kalman filter for mobile construction robot［J］. Buildings，2024，14（4）.

［25］Shaheer M，Bavle H，Lopez S L J，et al. Robot localization using situational graphs（s-graphs）and building architectural plans［J］. Robotics，2023，12（3）：65.

［26］Gifthaler M，Sandy T，Drfler K，et al. Mobile robotic fabrication at 1：1 scale：the In situ fabricator［J］. Construction Robotics，2017，1（3）.

［27］Wu H，Lu M，Zhou X J，et al. Application of 6-dof robot motion planning in fabrication［J］. Springer，Singapore，2022.

［28］Asadi E，Li B，Chen I M. Pictobot：A cooperative painting robot for interior finishing of industrial developments with high walls［J］. IEEE Robotics & Automation Magazine，2018，PP（99）：1.

［29］Qian L，Liu P，Lu H，et al. An end-to-end inclination state monitoring method for collaborative robotic drilling based on resnet neural network［J］. Sensors，2024，24（4）.

［30］Dakhli Z，Lafhaj Z，Shukla K S. Robotic mechanical design for brick-laying automation［J］. Cogent Engineering，2017，4（1）.

［31］Dong Y，Yongbin L，Tiejun L，et al. The system design of external cladding installation robot［J］. International Journal of Advanced Robotic Systems，2020，17（6）：1729881420969062-1729881420969062.

［32］胡春生，修瑞，王德. 水泥地面打磨机器人运动控制系统设计［J］. 电子技术应用，2020，46（2）：103-108.

［33］黄龙，张卫华，陈今茂，等. 爬壁机器人的研究现状与发展趋势［J］. 机械工程与技术，2021，10（3）：345-363.

［34］Ke W，Zhiqiang Z，Jiabo Z，et al. A multi-objective optimization method of a mobile robot milling system construction for large cabins［J］. Applied Sciences，2023，13（4）：2288-2288.

［35］Feng R，Jia Y，Wang T，et al. Research on the system design and target recognition method of the rebar-tying robot［J］. Buildings，2024，14（3）.

［36］Wang S，Zhou H，Zhang Z，et al. Robot floor-tiling control method based on finite-state machine and visual measurement in limited FOV［J］. Hindawi Limited，2021.

［37］Jang，Y.；Jeong，I.；Younesi Heravi，et al. Multi-camera-based human activity recognition for human-robot collaboration in construction［J］. Sensors，2023（23）：6997.

［38］Zou Y，Sun Z，Pan H，et al. Parametric automated design and virtual simulation of building machine using BIM［J］. Buildings，2023，13（12）.

［39］Kim G H，Park H J，Kim C J，et al. Development of a multi-robot system for pier construction［J］. Machines，2024，12（6）：385-385.

［40］Wu H，Ma M，Yang Y，et al. On-site measuring robot technology for post-construction quality assessment of building projects［J］. Buildings，2024，14（10）：3085-3085.

［41］邓新征，孟江锋. 基于高密度公路三维灰度点云的图像增强方法［J］. 河南科技，2023，42（22）：29-36.

［42］王广琦，毛庆洲，徐浩轩，等. 基于时空同步信息的隧道点云与高清图像配准方法［J］. 测绘通报，2021（S2）：52-58.

［43］赵丽凤，王勇，王晓静，等. 改进U-Net模型支持下的高密度激光点云在沥青道路病害识别中的应用［J］. 测绘通报，2023（7）：136-141，159.

［44］张成. 车载移动扫描测量技术在公路设计中的应用［D］. 西安：长安大学，2012.

［45］魏笑辰. 移动测量系统的多传感器数据融合与定姿技术［D］. 昆明：昆明理工大学，2016.

［46］蔡泉华，严守靖，奚晨晨，等. 基于三维激光点云与全景图像的公路沿线设施特征提取技术研究［J］. 科技创新与应用，2023，13（33）：22-25，31.

［47］张丽，丛晓明，赵生良. 移动三维激光扫描技术在隧道结构监测中应用［J］. 测绘通报，2020（8）：153-156.

［48］张琰，孔祥思，徐西桂. 基于移动三维激光扫描的隧道结构监测方案研究与应用［J］. 矿山测量，2021，49（1）：20-25.

［49］郑敏，严凤，熊勇钢. 基于三维激光扫描的地铁隧道快速监测方法研究［J］. 人民长江，2020，51（4）：142-146.

［50］赵丽凤，唐超，侯海情. 轨道交通隧道全断面病害智能诊断与服役状态评价［J］. 测绘通报，2020（9）：1-6，17.

［51］田洪军，梁彦庆，黄志英，等. 基于GIS的农用地等别图制图综合问题研究［J］. 安徽农业科学，2006（4）：811-812.

［52］范美玲. 面向场景的TD-LTE无线参数优化配置系统设计与实现［D］. 北京：北京邮电大学，2014.

［53］杜黎明，钟若飞，孙海丽，等. 移动激光扫描技术下的隧道横断面提取及变形分析［J］. 测绘通报，2018（6）：61-67.

［54］刘莹. 基于FCN的隧道病害数据监测系统的设计与实现［D］. 石家庄：河北师范大学，2020.

［55］傅拓，张书毕.基于 VC++ 扫描煤层底板等高线［J］.科技信息，2011（12）：238–239.

［56］代小红.模糊模式的手写数字识别技术研究与实现［J］.重庆大学学报，2011，34（6）：117–122.

［57］段振兴.基于 MC9S128 的摄像头导航智能车的设计与实现［J］.甘肃科技纵横，2011，40（3）：11–13.

［58］王颢瑾.在 C++ Builder 编程环境下实现基于阈值法的图像分割技术［J］.民营科技，2013（11）：8.

［59］马宁，曹宁，马蕾.数字图像处理技术在温度自记纸数字化识别中的应用［J］.信息系统工程，2014（7）：74–75，95.

［60］张发光，蒋海军，王国基，等.岩心外表面图像感兴趣区域提取算法设计［J］.电脑知识与技术，2014，10（31）：7442–7444.

［61］朱忠国，吕京国.腐蚀算法在遥感影像建筑物边缘提取中的应用［J］.城市勘测，2014（6）：17–20.

［62］田有良，樊廷立，唐超.面向地铁隧道表面渗漏水的快速检测技术［J］.测绘通报，2022（9）：29–33.

［63］曾沛颖，朱宝强，朱健强.基于蚁群算法的准直图像处理研究［J］.激光与光电子学进展，2022，59（10）：183–188.

［64］熊智敏.城市轨道服役状态检测系统关键技术研究［D］.武汉：武汉大学，2017.

［65］龙婧，刘伟，殷胜.基于机器学习的电网设备档案数据异常诊断研究［J］.电力信息与通信技术，2018，16（7）：21–27.

［66］彭春兰，龙佩林.基于大数据的大学生体质健康测试数据分析及健康促进对策［J］.湖北体育科技，2021，40（1）：76–81.

［67］王飞，董岳，赵贵民，等.移动三维激光扫描技术在隧道病害识别中的应用［J］.北京测绘，2023，37（5）：671–675.

［68］涂善波，郭士明，耿青松，等.郑州市极端暴雨灾后交通工程隐患应急检测分析［J］.河海大学学报（自然科学版），2022，50（3）：9–16.

［69］戴勇.基于车载移动测量系统道路施工测量的初步应用［J］.城市建设理论研究（电子版），2019（7）：146–147.

［70］王晓峰.地铁隧道结构表面快速检测技术应用研究［J］.智能城市，2021，7（6）：23–24.

［71］陈利敏，樊廷立.超大速滑场地制冰排管形态的高精度快速检测［J］.测绘通报，2021（8）：111–114.

［72］李久林，李少华，苏振华，等.基于装配式平行施工实践［J］.建筑技术，2023，54（1）：4–8.

［73］李久林，陈利敏，陈彬磊，等.国家速滑馆智慧场馆建设和集成应用研究［J］.北京体育大学学报，2022，45（1）：13–24.

［74］毛庆洲，夏梦璇，李清泉，等.多站点云光束法全局配准方法［J］.测绘学报，2024，53（9）：1663–1670.

［75］李久林，徐浩，唐超.国家速滑馆动态高精度施工测量关键技术及应用［J］.测绘通报，2021（8）：123–128，165.

［76］Fang W，Ding L，Luo H，et al. Falls from heights：A computer vision-based approach for safety harness detection［J］. Automation in Construction，2018，91：53–61.

［77］ Zhou C，Luo H，Fang W，et al. Cyber-physical-system-based safety monitoring for blind hoisting with the internet of things：A case study［J］. Automation in Construction，2019，97：138-150.

［78］ 蒋伟光. 塔式起重机不安全吊装行为的作用机理及智能识别研究［D］. 武汉：华中科技大学，2022.

［79］ Wenli L，Ang L，Weili F，et al. A hybrid data-driven model for geotechnical reliability analysis［J］. Reliability Engineering and System Safety，2023，231.

［80］ Fang W，Zhong B，Zhao N，et al. A deep learning-based approach for mitigating falls from height with computer vision：Convolutional neural network［J］. Advanced Engineering Informatics，2019，39：170-177.

［81］ 龚剑，房霆宸，冯宇. 建筑施工关键风险要素数字化监控技术研究［J］. 华中科技大学学报（自然科学版），2022，50（8）：50-55.

［82］ 潘杏，钟波涛，黑永健，等. 基于 LDA 的地铁施工安全隐患排查要点挖掘与可视化研究［J］. 土木建筑工程信息技术，2021，13（2）：7-14.

［83］ Fang W，Luo H，Xu S，et al. Automated text classification of near-misses from safety reports：An improved deep learning approach［J］. Advanced Engineering Informatics，2020，441：01060-101060.

［84］ 沈祖安，周诚. 基于物联网的石化工程建设项目施工安全智能管理系统［J］. 土木工程与管理学报，2020，37（5）：20-26，41.

［85］ 李仁良，邹海荣. 物联网产业需求驱动发展模式研究［J］. 中国市场. 2011（41）.

［86］ 上海市住房和城乡建设管理委员会. 上海市智慧工地建设指引（试行）. 沪建质安［2023］186 号，2023.

［87］ 崔满. 西湖大学项目智慧工地信息化探索和实践［J］. 建筑施工，2020，42（9）：1814-1816.

［88］ 崔满，李淏頔. 建设工程多维度进度管理的探索和应用［J］. 建筑施工，2019，41（8）：1572-1573.

［89］ 崔满. 人脸识别技术加速施工现场管理能效升级［J］. 上海建设科技，2019（5）：45-48.

［90］ 金琳. 上海机场落实双循环发展战略［J］. 上海国资. 2021（9）.